大学化学实验

主　编　尹汉东　崔庆新　王术皓

中国海洋大学出版社
·青岛·

图书在版编目(CIP)数据

大学化学实验/尹汉东，崔庆新，王术皓主编．—青岛：中国海洋大学出版社，2008.10

ISBN 978-7-81125-223-1

Ⅰ.大… Ⅱ.①尹…②崔…③王… Ⅲ.化学实验—高等学校—教材 Ⅳ.06-3

中国版本图书馆 CIP 数据核字(2008)第 155045 号

出版发行 中国海洋大学出版社
社　　址 青岛市香港东路 23 号　　**邮政编码** 266071
网　　址 http://www.ouc-press.com
电子信箱 xianlimeng@gmail.com
订购电话 0532—82032573(传真)
责任编辑 孟显丽
印　　制 日照报业印刷有限公司
版　　次 2008 年 10 月第 1 版
印　　次 2008 年 10 月第 1 次印刷
成品尺寸 185 mm×260 mm
印　　张 10.5
字　　数 245 千字
定　　价 20.00 元

前　言

《大学化学实验》是高等院校大学化学课程的重要组成部分。

《大学化学实验》作为非化学化工专业开设的一门实践性课程，目前已在许多院校单独开设。大学化学实验的目的和任务不仅是验证、加深和巩固理论知识，更重要的是通过实验教学，训练学生科学实验的技能，使学生学会对实验现象进行观察、分析、判断、推理以及归纳总结，培养学生独立进行实验、设计实验方案、撰写实验报告等多方面的能力。同时，还可以使学生初步感受到“化学家在实验室工作”的环境，让学生获得全面化学素质的教育。

本书是在总结几年来聊城大学化学化工学院化学实验教学中心面对环境科学、生物科学、生物工程、安全工程、园艺、动物科学、动物医学、食品科学与工程等专业开设《大学化学实验》教学经验的基础上，结合实验室条件及相关专业新编教学方案的要求编写而成。内容包括化学实验基本知识、化学实验基本操作、基本化学实验和综合性化学实验四个主要板块，共设37个实验，其中31个基本实验、6个综合性实验。使用者可根据自身的实验条件进行选择。本书有如下特点：

1.以基本操作技能训练为主，突出学生的动手能力和化学素质的培养。除了基本实验以外，还安排了综合性实验，并单独列为一个单元。

2.在内容选排上，既考虑大学化学实验的独立性、系统性和科学性，又照顾与其他相关课程的关联与衔接。

3.立足各相关专业对大学化学实验的基本要求，注重实用性。精选既能体现大学化学实验教学要求，又能满足大多数高等学校理、工、农科非化学化工专业教学需求的内容。

4.考虑到实验内容的通用性，尽量避免题材太专业化，以适应各相关专业学生的接受能力。

5.体现绿色化学理念。尽量不选或少选对人体危害较大、对环境污染严重的内容和试剂。如果不得不选用有关内容，则采取尽可能少用试剂的原则。

在本书的编写过程中，参考了国内同行编写的教材，并以参考文献集中列于书后，在此向同行表示感谢。

限于编者的水平，错误和不妥之处在所难免，敬请广大读者和同行专家给予指正。

编　者
2008 年 7 月

内容提要

本书为高等学校理、工、农科非化学化工专业化学实验教材。全书主要包括化学实验基本知识、化学实验基本操作、基本化学实验和综合性化学实验四个板块，共有37个实验，其中31个基本实验、6个综合性实验。实验内容既体现基础化学的基础性，又注重学生的动手能力和化学素质的培养。

本书可作为理、工、农科非化学化工专业开设的《大学化学》、《普通化学》或《无机及分析化学》等课程的配套实验教材，也可作为相关专业独立设置的大学化学实验课教材单独使用。

编写委员会

主　编　尹汉东　崔庆新　王术皓

副主编　龚树文　刘　敏　李爱峰　李成娟

编　委　(按姓氏笔画排序)

尹汉东　王术皓　刘　敏　闫有旺

李成娟　李爱峰　段玉梅　桑　青

崔庆新　龚树文　翟　胜

目　次

第1章　化学实验基本知识

§1.1　大学化学实验的基本要求与学习方法

一、基本要求

第一，通过本课程的学习，使学生进一步加深对化学基础理论和基本知识的理解。实践告诉我们，通过实验可发现和发展理论，同时实验又可检验和评价理论。因此，做好化学实验是学好化学的重要环节。学生在实验中直接获得大量的实验事实，经过归纳总结，从感性上升到理性，实现理论与实践的结合，自然对化学基础理论和基本知识的认识会产生新的飞跃。

第二，通过本课程的学习，使学生受到系统、规范的实验训练，掌握化学实验的基本技能。学生在实验课堂上可以规范基本操作，正确使用仪器；准确记录和处理数据，正确表达实验结果；认真观察实验现象，科学推断，得出正确结论；学习查阅参考资料，正确设计实验，培养科学思维和独立工作的能力。

第三，通过本课程的学习，培养学生严肃认真的科学态度、严谨的学风和良好的实验室工作习惯。

二、学习方法

1.预习。预习是做好实验的前提和保证，预习要认真阅读实验教材、有关资料和参考书，写出预习报告，做到明确实验目的、了解实验原理、熟悉实验内容、掌握注意事项。

2.实验。在教师的指导下学生独立进行实验。掌握实验技能，做好实验应该做到以下几点：

(1)认真操作，细心观察现象、正确测定数据并及时如实地作好详细记录。

(2)若对实验现象有怀疑，应首先尊重实验事实，并认真检查分析原因，也可做对照实验、空白试验或自行设计实验进行核对，必要时要增加重复实验的次数。

(3)实验中要勤于思考，仔细分析，力求独立解决问题。遇到疑难问题可查阅资料，也可与教师讨论，获得指导。

(4)若实验失败，要检查原因，经教师同意后可重做。

3.总结。做完实验仅是完成实验的一半，更为重要的是分析实验报告，整理实验数据，认真、独立完成实验报告。实验报告的书写应格式规范，字迹端正，内容简明扼要，绝不允许草率应付或抄袭编造。

§1.2 实验室规则

实验室是进行实验教学的场所，通过各种形式的实验教学活动，将理论与实践结合起来，培养学生基本技能和综合素质。

1. 实验前应充分预习，写好实验预习报告，按时进入实验室。未预习者，不能进行实验。

2. 学生进入实验室要听从实验指导教师的安排和指导，遵守各项规章制度和操作规程；不得迟到、早退。

3. 进入实验室必须穿工作服，不得大声喧哗，严禁吸烟、随地吐痰、乱扔纸屑等一切与实验无关的行为。

4. 药品和仪器应整齐地摆放在一定位置，用后立即放回原位。腐蚀性或污染性的废物应倒入废液桶或指定容器内。火柴梗、碎玻璃等倒入垃圾箱，不得随意乱抛。保持实验室卫生。

5. 有毒、易燃、易爆药品，使用时要严格审批手续，限制使用数量。涉及有毒或有腐蚀性气体的实验操作要在通风橱内进行。

6. 必须正确地使用仪器和实验设备。如发现仪器有损坏，应按规定的手续到实验预备室换取新的仪器；未经同意不得随意拿取别的位置上的仪器；如发现实验设备有异常，应立即停止使用，及时报告指导教师。

7. 实验结束后，实验记录经指导教师检查签字后方能离开实验室。

8. 清理实验所用的仪器，将属于自己保管的仪器放进实验柜内锁好。

每次实验要安排值日生（小组），值日生必须检查水、电和气等开关是否关闭，负责实验室内的清洁卫生，杜绝安全隐患，确保实验室安全。实验室的一切物品不得带离实验室。

§1.3 实验室安全知识及意外事故的处理

化学实验中，经常使用水、电及易燃、易爆、有腐蚀性和毒性的试剂，因此保证实验安全很重要，必须熟悉仪器的性能，明确使用试剂的安全注意事项，遵守仪器操作章程，了解实验室一般事故的处理等。

一、实验室安全知识

1. 实验开始前检查仪器是否完整，安装是否正确，了解实验室安全保护用具的位置，并熟悉其使用方法。

2. 进行实验要穿隔离衣，不得擅自离岗，水、电、酒精灯使用后要关闭。

3.决不允许任意混合化学药品的行为，以免发生意外。

4.浓酸浓碱有腐蚀性，不能溅到皮肤上或衣服上，尤其不能溅入眼内。

5.极易挥发和易燃的有机溶剂，使用时必须远离明火，用后立即密闭，置于阴凉处。

6.加热时，要严格遵守操作规范，制备或使用有刺激性、恶臭、有毒的试剂，必须在通风橱里进行。

7.任何试剂不能进入口中或接触伤口，有毒有害、易燃易爆、具腐蚀性的废液不能倒入下水道，防止对环境的污染。

8.进行危险性实验时，应使用防护眼镜、面罩、手套等防护用具。

9.不能在实验室里饮食、吸烟。实验结束后必须洗净双手。

二、意外事故的防范与处理

(一)防火

化学实验使用的有机溶剂大多是易燃的，因此着火是有机实验常见的事故。为了防止着火，实验中应注意以下几点：

1.不能用烧杯或敞口容器加热或放置易燃、易挥发的化学药品。应根据实验要求和物质的特性，选择正确的加热方法。

2.尽量防止或减少易燃物气体的逸出。处理和使用易燃物时，应远离明火，注意室内通风，及时将蒸气排出。

3.易燃、易挥发的废物，不得倒入废液缸或垃圾桶中。量大时，应专门回收处理。与水发生猛烈反应的金属钠残渣要用乙醇销毁。

4.实验室不得存放大量易燃、易挥发的物质。

5.有煤气贮备调设施的实验室，应经常检查管道和阀门是否漏气。

实验室如果发生着火，应沉着镇静地及时采取正确措施，控制火势的扩大。首先，应立即切断电源，移走易燃物。然后，根据易燃物的性质和火势采取适当的方法进行扑救。因为一般有机物不溶于水或遇水可发生更强烈的反应而引起更大的事故，所以有机物着火通常不用水进行扑救，火势较小可用湿布或石棉布盖熄，火势较大时，应用灭火器扑救。常用灭火器有二氧化碳、四氯化碳、干粉及泡沫灭火器等，不管使用哪一种灭火器，都是从火的周围开始向中心扑灭。

目前实验室中常用的是干粉灭火器。使用时，拔出销钉，将出口对准着火点，将上手柄压下，干粉即可喷出。

二氧化碳灭火器也是有机实验室中常用的灭火器。灭火器内存放着压缩的二氧化碳气体，在油脂、电器及较贵重仪器着火时使用。

四氯化碳和泡沫灭火器虽然具有较好的灭火性能，但四氯化碳在高温下能生成剧毒的光气，而且与金属钠接触会发生爆炸；泡沫灭火器会喷出大量的泡沫而造成严重污染，给后处理带来麻烦，因此，这两种灭火器一般不用。

地面或桌面着火时，如火势不大，可用淋湿的抹布或沙子扑救，但容器内着火则不宜使用沙子扑救，可用石棉板盖住瓶口，火即熄灭；身上着火时，用石棉布把着火部位包起来，或就近在地上打滚(速度不要太快)将火焰扑灭，千万不要在实验室内乱跑，以免造成火势蔓延。

(二)防爆

在化学实验室中违规使用易爆有机物会引起爆炸，如蒸馏含过氧化物的乙醚或乙醇和浓硝酸混合在一起，仪器堵塞或安装不正确也可能引起爆炸，如蒸馏装置被堵塞，减压蒸馏时使用不耐压的仪器等。

为防止爆炸事故的发生，应注意以下几点：

1. 使用易燃、易爆物品或遇水易燃易爆的物质(如金属钠等)时，要特别小心，应严格按操作规程进行。

2. 在用玻璃仪器组装实验装置之前，要先检查玻璃仪器是否破损。

3. 常压操作时，不能在密闭体系内进行加热和反应，要经常检查反应装置是否被堵塞。如发现堵塞应立即停止加热或反应，将堵塞排除后再继续加热或反应。

4. 减压蒸馏时，不能用平底烧瓶、锥形瓶、薄壁试管等不耐压容器作为接收瓶或反应瓶。

5. 反应过于猛烈时，应适当控制加料速度和反应温度，必要时采取冷却措施。

6. 无论是常压蒸馏还是减压蒸馏，均不能将液体蒸干，以免局部过热或产生过氧化物而发生爆炸。

7. 必要时实验室内可设置防爆屏。

(三)防中毒

化学药品大都具有一定程度的毒性，中毒主要是通过呼吸道或皮肤接触有毒物品而进入人体造成危害。因此，预防中毒应做到：

1. 称量药品时应使用工具，不要使药品沾在皮肤上。做完实验后应洗净手，任何药品都不得入口。

2. 使用和处理有毒或腐蚀性物质时，应在通风橱中进行或安装气体吸收装置，并戴好防护用品。尽可能避免蒸气外逸，以防造成污染。

3. 如发生中毒现象，应让中毒者及时离开现场，移到通风好的地方，应根据导致中毒素的药品性质，进行简单救治，并及时送往医院。

(1)腐蚀性药品中毒应急救护措施：强酸类中毒者，先饮大量水，后服用氢氧化铝膏、鸡蛋白；强碱类中毒者，先饮大量水，后服用醋或酸果汁或鸡蛋白。不论酸或碱中毒，都可灌注牛奶，但是不要吃呕吐剂。

(2)神经性药品中毒应急救护措施：先立即服用牛奶或鸡蛋白使之冲淡和缓解，再用约 30 g 硫酸镁溶于水中饮下催吐，后立即送往医院。

(3)气体中毒：若吸入刺激性有毒气体，如氯气、氯化氢、溴蒸气时，可吸入少量酒精和乙醚的混合蒸气使之解毒。若吸入硫化氢气体时，立即到室外呼吸新鲜空气。有机气体中毒时，将中毒者移至室外，解开衣领及纽扣；吸入少量氯气或溴，可用碳酸氢钠溶液漱口。

(四)防灼伤

皮肤接触了高温物体或低温物质如固体二氧化碳(干冰)、液氮及腐蚀性物质如强酸、强碱、溴等后均可能被灼伤。因此，在接触这些物质时，最好戴上橡胶手套和防护眼镜以免发生灼伤事故。发生灼伤时应按下列要求处理：

1. 被碱灼伤时，先用大量的水冲洗，再用 1%～2%的乙酸或硼酸溶液冲洗，然后再用水冲洗，最后涂上烫伤膏。

2. 被酸灼伤时，先用大量的水冲洗，然后用 3%～5%的碳酸氢钠溶液清洗，最后用水洗，严重时要消毒并涂上烫伤膏。

3. 被溴灼伤时，应立即用大量的水冲洗，再用酒精擦洗或用 2%的硫代硫酸钠溶液洗至灼伤处呈白色，然后涂上甘油或鱼肝油软膏加以按摩。

4. 被钠灼伤时，先将可见的小块用镊子移去，其余与碱灼伤处理相同。

5. 被热水或被灼热的玻璃器皿烫伤后一般在患处涂上红花油，然后擦一些烫伤膏。

以上这些物质一旦溅入眼睛中，应立即用大量的水冲洗，并及时去医院治疗。

(五)防割伤

实验室常使用玻璃仪器，使用时，最基本的原则：不能对玻璃仪器的任何部位施加过度的压力。

发生割伤后，应将伤口处的玻璃碎片取出，再用生理盐水将伤口洗净，涂上红药水，用纱布包好伤口。若割破静(动)脉血管，流血不止时，应先止血。具体方法：在伤口上方 5～10 cm 处用绷带扎紧或用双手掐住，然后及时送往医院。

§1.4　实验废液的处理

在进行化学实验的过程中，会产生废液。为了降低对环境的污染，要对其进行处理。

1. 实验室中的废液通常是大量的废酸液。废酸缸中废酸液可先用耐酸塑料网纱或玻璃纤维过滤，滤液加碱中和，调 pH 为 6～8 后就可排出。少量滤渣可埋于地下。

2. 实验室中的废铬酸洗液，可以用高锰酸钾氧化法使其再生，继续使用。(氧化方法：先在 110℃～130℃下不断搅拌加热浓缩，除去水分后，冷却至室温，缓缓加入高锰酸钾粉末。每 1 000 mL 加入 10 g 左右，直至溶液呈深褐色或微紫色。边加边搅拌直至全部加完，继续加热至有 SO_3 出现，停止加热。稍冷，通过玻璃砂芯漏斗过滤，除去沉淀；冷却后析出红色 CrO_3 沉淀，再加适量硫酸使其溶解即可使用)少量的废液可加入废碱或石灰石使其生成 $Cr(OH)_3$ 沉淀，将此废渣埋于地下(指定地点)。

3. 氰化物是剧毒物质，含氰废液必须认真处理。少量的含氰废液可先加 NaOH 调至 pH>10，再加入几克高锰酸钾使 CN^- 氧化分解。大量的含氰废液可用碱性氯化法处理。先用碱调至 pH>10，再加入次氯酸钠，使 CN^- 氧化成氰酸盐，并进一步分解为 CO_2 和 N_2。

4. 含汞盐废液应先调 pH 为 8～10，然后加适当过量的 Na_2S，使生成 HgS 沉淀，并加 $FeSO_4$ 生成 FeS 沉淀，从而吸附 HgS 共沉淀下来。静置后分离，再离心、过滤；清液含汞量可降到 0.02 mg/L 以下，排放。少量残渣可埋于地下，大量残渣可用焙烧法回收汞，但要注意一定要在通风橱内进行。

5. 重金属离子的废液，最有效和最经济的方法是加碱或加 Na_2S 把重金属离子变成难溶性的氢氧化物或硫化物而沉淀下来，从而过滤分离，少量残渣可埋于地下(指定地点)。

§1.5 实验室所用试剂的一般知识

一、试剂的分类

化学试剂种类繁多，目前世界各国对化学试剂尚无统一的分类方法和分级标准。

我国化学试剂的产品标准有国家标准(GB)、化学工业部标准(HG)和企业标准(QB)三级。我国编制的化学试剂经营目录，按试剂的用途、化学组成将化学试剂分为十大类，如表1.1所示。

表1.1 化学试剂分类表

序号	名称	说明
1	无机分析试剂	用于化学实验的无机化学品，如金属、非金属单质、氧化物、酸、碱、盐等
2	有机分析试剂	用于化学实验的有机化学品，如烃、醛、酮、醚及其衍生物等
3	特效试剂	在无机分析中测定、分离、富集元素时所专用的一些有机试剂，如沉淀剂、显色剂、螯合剂等
4	基准试剂	主要用于直接配制或标定标准溶液的浓度。这类试剂的特点是纯度高、杂质少、稳定性好、化学组成恒定
5	标准试剂	用于化学分析、仪器分析时作对比的化学标准品，或用于校准仪器的化学品
6	指示剂和试纸	用于滴定分析中指示滴定终点，或用于检验气体或溶液中某些物质存在的试剂。试纸是用指示剂或试剂溶液处理的过滤纸条
7	仪器分析试剂	用于仪器分析的试剂
8	生化试剂	用于生命科学研究的试剂
9	高纯试剂	用作某些特殊需要工业材料(如电子工业原料、单晶、光导纤维)和一些痕量分析。其纯度一般为4个“9”(99.99%)以上，杂质总量控制在0.01%以下
10	液晶	液晶是液态晶体的简称，它既具有流动性、表面张力等液体的特征，又具有光学各向异性、双折射等固态晶体的特征

二、试剂的规格

化学试剂根据其纯净程度划分为四个等级，其规格和适用范围见表1.2。

表1.2　化学试剂等级对照表

规格等级	名称	英文名称	符号	标签颜色	适用范围
一级品	优级纯（保证试剂）	Guarantee reagent	G. R.	绿色	适用于精密的分析工作和科学研究
二级品	分析纯（分析试剂）	Analytical reagent	A. R.	红色	适用于一般的分析和科学研究
三级品	化学纯	Chemically pure	C. P.	蓝色	适用于一般化学实验
四级品	实验试剂（医用）	Lab oratorical reagent	L. R.	棕色或其他颜色	纯度较低，适用于作实验辅助剂
	生物试剂		B. R. 或 C. R.	黄色或其他颜色	

此外，还有特殊规格试剂如光谱纯试剂，其符号为S. P.，光谱法测不出杂质含量，主要用于光谱分析中的基准物质。

基准试剂：纯度相当于或高于保证试剂，可作基准物和直接配制标准溶液。

色谱纯试剂：在最高灵敏度下无杂质峰为标准，主要用于色谱分析中的标准物质。

三、试剂的取用

1. 固体试剂的取用。取用固体试剂时应使用洁净干燥的牛角匙或不锈钢药匙、塑料勺等，注意必须专匙专用。称取一定量固体试剂时可将试剂放在称量纸上或称量瓶、表面皿等干燥洁净的玻璃容器内，根据要求选用不同精度的天平进行称量。注意：称量具有腐蚀性或易潮解的试剂时，不能使用称量纸。

2. 液体试剂的取用。

（1）从细口试剂瓶中取用试剂的方法：取下瓶塞，左手拿住试管或量筒等容器，右手握住试剂瓶贴有标签的一面，倒出所需量的试剂，倒完后应将瓶口在容器内壁上靠一下，注意处理好“最后一滴试剂”，再移开试剂瓶，以免液滴沿试剂瓶外壁流下。

将液体试剂倒入烧杯时，应右手握试剂瓶贴有标签的一面，左手拿玻璃棒，使玻璃棒的下端斜靠在烧杯壁上，将瓶口靠在玻璃棒上，使液体沿玻璃棒流入烧杯中。

（2）滴瓶中试剂的取用方法：先提起滴管，使管口离开液面，用手指捏紧滴管上部的橡皮头排去空气，再把滴管伸入试剂瓶中吸取试剂。向试管中滴加试剂时，滴管口应置于滴管口的上方滴加，严禁将滴管伸入试管内。一个滴瓶上的滴管不能用来移取其他试剂瓶中的试剂，且不能将滴管放在原滴瓶以外的任何地方以免玷污，也不能将自己的滴管伸入公用试剂瓶中吸取试剂，以免造成污染。

注意在取用试剂前，要核对标签，确认无误后方能使用。试剂瓶的瓶盖取下不能随意乱放，一般应将瓶盖内侧向上放在实验台上。取用试剂后要及时盖好瓶盖，不要盖错，并将试剂瓶及时放回原处，以免影响他人使用。

取用试剂要注意节约，用多少取多少，多余的试剂不应倒回原试剂瓶内，有回收价值的，可放入回收瓶中。

取用易挥发的试剂，如浓 HCl、浓 HNO_3、Br_2 等，应在通风橱中操作，防止污染室内空气。取用剧毒或强腐蚀性药品要注意安全，不要碰到手上以免发生伤害事故。

3. 盛有试剂的瓶上都应有明显的标签，写明试剂的名称、浓度、规格及配制时间等。

4. 公用试剂用完后应立即放回原处，以免影响他人使用。

§1.6 实验误差与数据处理

一、误差

化学是一门实验科学，常常要进行定量测定，由实验测得的数据经过计算得到分析结果。结果的准确与否是一个很重要的问题，不准确的分析结果往往导致错误的结论。在测量过程中，无论使用的仪器多么精密，测定方法多么完善，测量过程多么精细，但测量结果总是不可避免地带有误差。测量过程中，即使是技术非常娴熟的人，用同一种方法，对同一试样进行多次测量，也不可能得到完全一致的结果。也就是说，绝对准确是没有的，误差是客观存在的。

根据误差的性质可以分为系统误差和偶然误差两大类；另外，还会因为人为因素出现不应产生的过失误差。

(一)系统误差

系统误差是由某种固定的原因造成的，具有单向、重复和可测的特点。根据系统误差产生的原因，可以分为以下几类：

(1)方法误差：由分析方法本身所造成，如重量分析中沉淀物少量溶解或吸附杂质、滴定分析中滴定终点与化学计量点不完全符合等。

(2)仪器和试剂误差：因仪器、试剂等原因带来的误差，如仪器本身不够精密、试剂纯度不高等。

(3)操作误差和主观误差：由操作者的主观因素造成，如不同的操作者对滴定终点颜色变化的判断常会有差别等。

为了减少系统误差，常采取下列措施：

(1)空白实验：为了消除由试剂等原因引起的误差，可在不加样品的情况下，按与样品测定完全相同的操作手续，在完全相同的条件下进行分析，所得的结果为空白值。将样品分析的结果扣除空白值，可以得到比较准确的结果。

(2)回收率的测定：取一标准物质(其中组分含量都已精确知道)与待测的未知样品同时作平行测定。测得的标准物质量与所取之量之比的百分率就为回收率，可由回收率的高低来判断有无系统误差存在。

(3)仪器校正：对测量仪器校正以减少误差。

(二)偶然误差

偶然误差是由某些难以控制的偶然原因造成的，又称为随机误差。这种误差无法避免，难以测定，但当测量次数足够多时，随机误差的出现和分布总是服从一定的统计规律，具有下列特征：

(1)对称性：绝对值相等的误差出现几率相等。

(2)单峰性：小误差出现的几率比大误差大。

(3)有界性：绝对值特大的误差出现的几率为零。

(4)抵偿性：在相同的条件下对同一过程进行测量，随着测量次数的增加，偶然误差的代数和趋近于零。

在实验过程中可以通过增加平行测定次数求平均值的方法来减小偶然误差。

(三)过失误差

过失误差是一种与事实明显不符的误差，是因读错、记错测量数据或实验者的过失和错误所导致。发生此类误差，所得的实验数据应予以删除。

二、误差的表示方法

误差有绝对误差和相对误差两种表示形式。前者是指测量值与真实值之差，后者是指绝对误差在真实值所占的比例，即：

绝对误差＝测量值－真实值

相对误差＝绝对误差/真实值×100%

三、精密度和准确度

(一)准确度

准确度是指测量值与真实值之间相符合的程度，通常用误差的大小来衡量。误差越小，准确度越高。它反映随机误差和系统误差对测量的综合影响程度。只有随机误差和系统误差都非常小，才能说测量的准确度高。

(二)精密度

精密度是指对同一被测量项目作多次重复测量时，测量值之间彼此接近的程度。它是对随机误差的描述，它反映随机误差对测量的影响程度。随机误差小，测量的精密度就高。

为了衡量分析结果的精密度，一般对单次测定的一组结果 $x_1, x_2, \cdots, x_n$，先计算出算术平均值，再用绝对偏差、相对偏差、标准偏差和相对标准偏差等表示结果的精密度。

绝对偏差：$d_i = x_i - \overline{x}$

相对偏差：$\frac{d}{\overline{x}} = \frac{x_i - \overline{x}}{\overline{x}} \times 100\%$

平均偏差：$\overline{d} = \frac{\sum_{i=1}^{n} |d_i|}{n}$

相对平均偏差：$\frac{\overline{d}}{\overline{x}} \times 100\%$

标准偏差：$S = \sqrt{\frac{\sum (x_i - \overline{x})^2}{n-1}}$

相对标准偏差(变异系数):$RSD=\frac{S}{\bar{x}}\times 100\%$

四、有效数字

(一)有效数字的定义

有效数字为在科学实验中实际能够测量到的数字,包括可靠数字和可疑数字。可靠数字是测量中能够准确读出的数字,可疑数字是通过估计读出的数字。测量误差对应在有效数字的可疑位上。

(二)与有效数字有关的几点说明

1.运算中,常数的有效数字一般比参与运算的其他数据的有效数字位数多取1～2位。

2.数据中,出现在第一个非零数字右边的"0"是有效数字。

3.有效数字的位数与单位(或小数点的位置)无关。

4.pH,lg$K$等对数的有效数字的位数取决于小数部分数字的位数。

(三)有效数字的修约规则——"四舍六入五成双"

在处理数据的过程中,涉及各测量值的有效数字位数可能不同,因此需要按照下面所述的运算规则,确定各测量值的有效数字位数。测量值的有效数字位数确定以后,就要将多余的数字舍弃。舍弃多余数字的过程称为"数字的修约",一般采用"四舍六入五成双"的规则。

规则规定:当测量值中被修约的数字等于或小于4时,该数字舍弃;等于或大于6时,进位;等于5时,若5后面跟非零的数字,进位;若5后面跟零时,按照留双的原则,5前面的数字是奇数,进位,把末位上的奇数凑成偶数;5前面的数字是偶数,舍弃,保留末位上原有偶数。

(四)有效数字的运算规则

1.加减运算规则。几个数据相加或相减时,结果的有效数字保留应以这几个数据中小数点后位数最少的数字为依据。

如:0.023 1+12.56+1.002 5=?

由于每个数据中的最后一位有±1的误差,其中以12.56的绝对误差最大,故有效数字位数应根据它来修约。

即:0.023 1+12.56+1.002 5≈0.02+12.56+1.00=13.58

2.乘除法运算规则。几个数据相乘或相除时,结果的有效数字保留应以这几个数据中有效数字位数最少的数字为依据。

如:0.023 1×12.56×1.002 5=?

这几个数据中有效数字位数最少的数据其相对误差最大。

即:0.023 1×12.56×1.002 5≈0.023 1×12.6×1.00=0.291

3.乘方、开方运算规则。有效数字在乘方或开方时,若乘方或开方的次数不太高,其结果的有效数字位数与原底数的有效数字位数相同。

4.对数运算规则。有效数字在取对数时,其有效数字的位数与真数的有效数字位数相同或多取 1 位。

有时在运算中为了避免修约数字间的累计给最终结果带来误差，也可先运算最后再修约或修约时多保留一位数字进行运算，最后再修约掉。

五、可疑数据的取舍

当分析某一项目时，若同时平行测得几个数据，发现有个别数据有不同程度的偏离，对差别较大的可疑值，应该有一个取舍的标准，超过此标准就应当舍弃，反之就应保留。可疑值与其他数据相差多少才应舍弃，目前还没有统一的标准，常以下列方法作为衡量取舍的准则。

(一)四倍法

设有 n 个数据，从小到大依次排列为 x_1，x_2，x_3，…，x_n，其中假设 x_1 或 x_n 为可疑数据。

1. 计算平均值 $\overline{x}$(不包括可疑值 x_1，x_n 在内)及平均偏差 $\overline{d}$。

2. 计算可疑值与 $\overline{x}$ 的偏差：$\overline{x}-x_1$，$x_n-\overline{x}$。

3. 比较可疑值与 $\overline{x}$ 的偏差与 $4\overline{d}$ 的大小。

若可疑值与 $\overline{x}$ 的偏差 $\geqslant 4\overline{d}$，则舍去可疑值。

若可疑值与 $\overline{x}$ 的偏差 $< 4\overline{d}$，则保留可疑值。

此法仅应用于从一组数据(4～8 个)中舍弃一个，而不能从三个数据中舍弃一个，或从五个数据中舍弃两个。

(二)Q 检验法

设有 n 个数据，从小到大依次排列为 x_1，x_2，x_3，…，x_n，假设其中 x_1 或 x_n 为可疑数据。

1. 计算极差 $(x_{大}-x_{小})$，即 (x_n-x_1)。

2. 计算 $(x_{可疑}-x_{邻})$。

3. 计算舍弃商：$Q=\dfrac{x_n-x_{n-1}}{x_n-x_1}$ 或 $Q=\dfrac{x_2-x_1}{x_n-x_1}$。

4. 根据 n 和 P(置信度)查 Q 值表得 $Q_{表}$。

5. 比较 $Q_{表}$ 与 Q：

若 $Q \geqslant Q_{表}$，可疑值应舍去；

若 $Q < Q_{表}$，可疑值应保留。

此法应用比较简便，适用于一组数据(3～10 个)，且只有一个可疑数据的情况。

(三)G 检验法(Grubbs 法)

设有 n 个数据，从小到大依次排列为 x_1，x_2，x_3，…，x_n，其中 x_1 或 x_n 为可疑数据。

1. 计算 $\overline{x}$(包括可疑值 x_1，x_n 在内)、$|x_{可疑}-\overline{x}|$ 及 S。

2. 计算 G：$G_{计}=\dfrac{|x_i-\overline{x}|}{S}$。

3. 查 G 值表得 $G_{v,P}$。

4. 比较 $G_{计}$ 与 $G_{v,P}$：

若 $G_{计} \geq G_{v,P}$，则舍去可疑值；
若 $G_{计} < G_{v,P}$，则保留可疑值。

六、实验数据的处理

(一)列表

做完实验后，应该将获得的大量数据尽可能整齐地有规律地列表表达出来，以便处理运算。列表时应注意以下几点：

(1)每一个表都应有简明完备的名称；

(2)在表的每一行或每一列的第一栏，要详细地写出名称、单位等；

(3)行中数字排列要整齐，位数和小数点要对齐，有效数字的位数要合理；

(4)原始数据可与处理的结果列在同一张表内，在表后注明处理方法和选用的公式。

(二)数据的取舍

(三)作图

利用图形表达实验结果更直观，易显示出数据的特点，如极大值、极小值、转折点等，还可利用图形求面积、作切线、进行内插和外推等。常用的有以下几种方法。

(1)求外推值。例如，强电解质无限稀释溶液的摩尔电导率 λ_0 的值不能由实验直接测定，但可作图外推至浓度为零，即得无限稀释溶液的摩尔电导率。

(2)求转折点和极值。例如，配合物分裂能的测定，双液系 $T-x$ 成分图及最低恒沸点的测定等。

(3)求经验方程。例如，依据反应速度常数 k 与活化能 E_α 的关系式(阿累尼乌斯公式)测不同温度 T 下的 k 值，以 $\lg k$ 对 $1/T$ 作图，则可得一条直线，由直线的斜率和截距可分别求出活化能 E_α 和碰撞频率 Z 的数值。

在作图时应注意以下几点：

(1)坐标纸和比例尺的选择。最常用的坐标纸是直角坐标纸，其他如对数坐标纸、半对数坐标纸和三角坐标纸也有时用到。在用直角坐标纸作图时，以自变数为横轴，因变数为纵轴，横轴与纵轴的示数不一定从零开始，要视具体情况而定。制图时选择比例尺是极为重要的，因为比例尺的改变，将会引起曲线外形的变化。特别对于曲线的一些特殊性质，如极大值、极小值、转折点等，比例尺选择不当会使图形特点显示不清楚。

(2)画坐标轴。选定比例尺后，画上坐标轴，注明该轴所代表变数的名称及单位。横轴读数自左至右，纵轴自下而上。

(3)作代表点。将测得数值的各点绘于图上，实验点用铅笔以×，□，○，△等符号标出(符号的大小表示误差的范围)。若测量的精确度很高，这些符号应作得小些，反之就大些。在一张图纸上如有数组不同的测量值时，各组测量值代表点应用不同符号表示，以示区别。

(4)连曲线。借助于曲线板或直尺把各点连成线，曲线应光滑均匀，细而清晰，曲线不必强求通过所有各点，实验点应该分布在曲线的两边，曲线的两边的点在数量上应近似于相等。代表点与曲线间的距离表示测量的误差，曲线与代表点间的距离应尽可能小。

选用合适的绘图工具。铅笔应该削尖，线条才能明晰清楚。画线时应该用直尺或曲线尺辅助，不能光凭手来描绘。选用的直尺或曲线板应该透明，以便全面地观察实验点的分布情况，画出较理想的图形。

(5)写图标。写上清楚完备的图标(图的名称)及坐标轴的比例尺。比例尺的选择应遵循以下的规则：首先，要能表示出全部有效数字，以便从作图法求出的物理量的精确度与测量的精确度相适应。其次，读数方便。图纸每小格所对应的数值应便于迅速简便地读数，便于计算，充分利用图纸的全部面积，使全图布局匀称合理。

第2章 化学实验基本操作

§2.1 玻璃仪器的洗涤与干燥

一、洗涤

1. 洗涤要求。洗净的玻璃仪器表面不沾油污和不溶物，可被水完全湿润，把仪器倒转过来，器壁上均匀地覆盖一层水膜，既不成股流下，也不凝成水滴。

2. 洗涤方法。洗涤玻璃仪器的方法很多，应根据实验的要求、污物的性质和玷污的程度来选用。一般说来，常用的洗涤方法有：

(1)用水刷洗。用毛刷刷洗仪器，既可以使可溶物溶解，也可以使黏附在仪器上的尘土和大多数不溶物质脱落下来。但往往洗不去油污等有机物质。

(2)用去污粉洗。去污粉由碳酸钠、白土、细沙等混合而成。使用时，首先把要洗的仪器用水湿润(水不能多)，撒入少量去污粉，然后用毛刷上下摩擦。再用自来水冲去仪器内外的去污粉，要冲洗到没有微细的白色颗粒状粉末为止。最后用蒸馏水冲洗仪器三次。

(3)用铬酸洗液洗。这种洗液由浓硫酸和重铬酸钾配制而成，呈深褐色，具有很强的氧化性，对油污等有机物的去污能力特别强。洗涤时往仪器内加入少量洗液，使仪器倾斜并慢慢转动，让仪器内壁全部为洗液湿润。转几圈后，把洗液倒回原瓶内，然后用自来水把仪器壁上残留的洗液洗去，最后用蒸馏水洗三次。(注意：使用洗液时，小心其对人的皮肤、眼睛、衣服等造成腐蚀伤害。)

铬酸洗液的配制方法：称取重铬酸钾 20 g，置于大烧杯(不能直接在试剂瓶中配制，以免发生危险)中，加水 50 mL 用玻棒搅拌混合，慢慢加入 450 mL 浓硫酸，搅拌。待冷却后转入试剂瓶密闭保存。

洗液的吸水性很强，应该随时把装洗液的瓶子盖严，以防吸水变稀，降低去污能力。当洗液用到出现绿色时(重铬酸钾还原成硫酸格的颜色)，就失去了去污能力，不能继续使用。

(4)用碱性高锰酸钾洗液洗。可以去油污和有机物，洗后在器壁上留下二氧化锰沉淀可以用盐酸洗掉。

除以上洗涤方法外，还可以根据污物的性质选用适当试剂。如氯化银沉淀可选用氨水洗涤，硫化物沉淀可用硝酸加盐酸洗涤。

二、干燥

1. 晾干。倒置在干净的仪器架上，自然晾干。

2. 烘干。尽量倒干水后放进烘箱，注意仪器口向上。

3.烤干。常用的烧杯、蒸发皿等放在石棉网上,用小火加热烤干。试管也可以用试管夹夹住,在酒精灯火焰上来回移动直至烤干,但必须注意,试管口要低于试管底部。

4.用有机溶剂干燥。加一些易挥发的有机溶剂到洗净的仪器中,把仪器倾斜并转动,使器壁上的水和有机溶剂混合,然后倒出有机溶剂,少量残留在器壁上的混合物会很快挥发而使仪器干燥。

5.吹干。用电吹风吹干。

§2.2　有机化学实验中常用玻璃仪器和常用装置

有机化学实验所用仪器有玻璃仪器、金属用具、电学设备及其他一些设备。现主要对玻璃仪器及由玻璃仪器组装的常用装置进行介绍。

一、玻璃仪器

有机化学实验用玻璃仪器按其口塞是否标准和磨口,分为普通玻璃仪器和标准磨口玻璃仪器。由于标准磨口玻璃仪器可以相互连接,使用时省时、方便又严密安全,目前基本取代了同类普通仪器。

标准磨口玻璃仪器口径的大小,通常用数字编号来表示,数字是指磨口最大端直径的毫米整数,常用的有10,14,19,24,29,34,40,50等。有的标准磨口玻璃仪器有两个数字,如14/30,表示磨口的直径为14 mm,磨口长度为30 mm。常用的标准磨口玻璃仪器如图2.1所示。

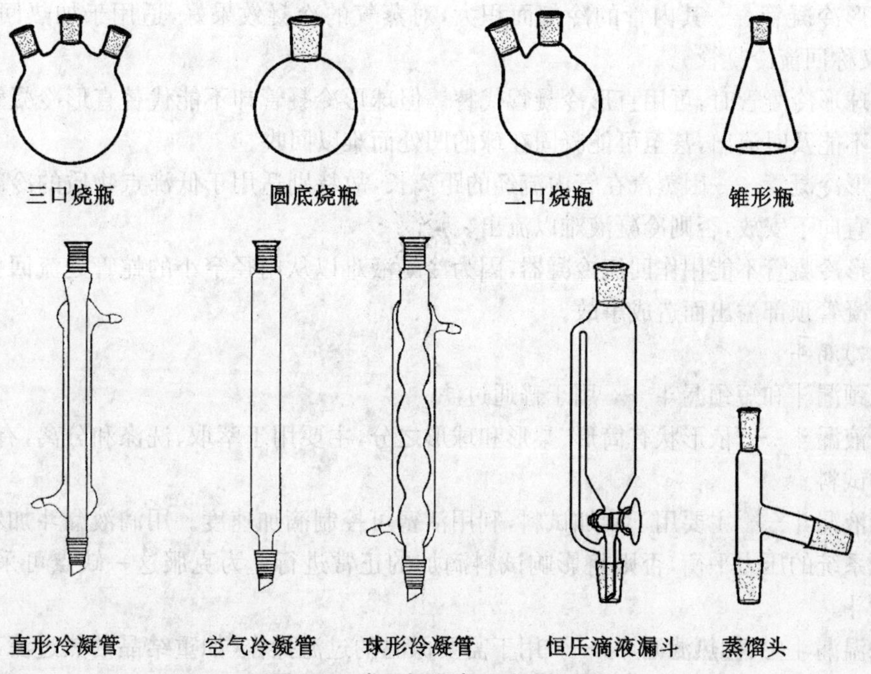

图2.1　常用标准磨口玻璃仪器

二、常用玻璃仪器的使用

下面介绍一些有机化学实验室常用玻璃仪器的使用范围。

(一)烧瓶

平底烧瓶——适于用配制和贮存溶液,但不能用于减压实验。

圆底烧瓶——耐热、耐压和抗反应物(或溶液)沸腾后发生的冲击震动,主要用于合成反应。其中短颈圆底烧瓶口结实,多用于有机化合物合成实验;而长颈圆底烧瓶则用于水蒸气蒸馏实验。

三口烧瓶——常用于需要进行搅拌的实验,中间瓶口装搅拌器,两个侧口装回流冷凝管或温度计,或液滴漏斗等。

锥形烧瓶(又称三角烧瓶)——常用于重结晶操作,因为生成的结晶物易从锥形烧瓶中取出来。锥形烧瓶还可以用作常压蒸馏实验的接收器。

(二)蒸馏烧瓶

蒸馏烧瓶是进行蒸馏时的常用仪器。

克莱森蒸馏烧瓶(简称克氏蒸馏烧瓶)常用于减压蒸馏实验。正口安装毛细管,带支管的瓶口插温度计。克氏蒸馏烧瓶还可用于容易产生泡沫或发生爆沸的蒸馏。

(三)冷凝管

直形冷凝管——主要用于被蒸馏物质的沸点在140℃以下的蒸馏冷凝操作,使用时需在夹套中通水冷却。但沸点超过140℃时,冷凝管往往会在内、外管接合处炸裂。

空气冷凝管——适用于高沸点物质的冷凝,当被蒸馏物质的沸点高于140℃时,用它代替通冷却水的直形冷凝管。

球形冷凝管——其内管的冷却面积大,对蒸气的冷凝效果好,适用于加热回流的实验,故又称回流冷凝管。

无球形冷凝管时,可用直形冷凝管代替。但球形冷凝管却不能代替直形冷凝管,因为冷凝液不能及时流出,甚至可能凝固在球的凹处而难以回收。

蛇形冷凝管——因蒸汽在管内流经的距离长,故特别适用于低沸点物质的冷凝,使用时需垂直向下安放,否则冷凝液难以流出。

蛇形冷凝管不能用作回流冷凝器,因为冷凝液难以从内径窄小的蛇管处流回去,常常会从冷凝管顶部溢出而造成事故。

(四)漏斗

长颈漏斗和短颈漏斗——用于普通过滤。

分液漏斗——依形状有筒形、梨形和球形之分,主要用于萃取、洗涤和分离,有时也用于滴加试料。

滴液漏斗——主要用于滴加试料,利用活塞可控制滴加速度。用滴液漏斗加料时,必须保证系统的压力平衡,否则将影响试料滴加的正常进行。为克服这一缺点可采用恒压滴液漏斗。

保温漏斗(又称热滤漏斗)——用于需要保温的过滤操作(如重结晶的热过滤)。它是在普通漏斗外面装上一个铜质的空心外壳,其中可以装入水,加热外壳支管,以保持所需温度。

布氏漏斗——瓷质的多孔板漏斗，过滤时多孔板上置一规格合适的滤纸，常用于减压过滤。

（五）其他仪器

分馏柱——分离提纯沸点相近的液体化合物的专用仪器，其分离效率取决于分馏柱的高度、填料的大小及填料高度。

分水器——将反应中生成的水及时从反应物中分离出来的专门仪器。用于可逆反应中破坏平衡，使平衡向有利于生成物方向移动，从而达到提高产率的目的。它不仅可用于分水，凡是互不相溶（或溶解度相差很大）、密度不同的两种液体化合物都可用它使之分开。

提勒（又称b形管）——用于熔点测定和微量法沸点测定。

吸滤瓶——主要用于减压过滤，也可用作缓冲瓶。

干燥管——内装干燥剂，安装在被干燥系统与大气接通的部位，以防空气中的水汽进入系统内。

接引管（又称接尾管、牛角管）——在蒸馏操作中用于连接冷凝管和接收器。

三、使用标准磨口玻璃仪器应注意事项

1. 磨口处必须洁净。如果黏附有固体物，会使磨口对接不紧密，将导致漏气；如果有硬质杂物，甚至损坏磨口。

2. 使用后，磨口仪器应及时拆卸洗净，以免长期放置造成磨口连接处粘牢，难以拆开。

3. 使用时，磨口处一般无须涂润滑剂，以免玷污反应物或产物；若反应中有强碱则应涂润滑剂，以免磨口连接处因碱的腐蚀而粘牢，无法拆开。

4. 洗涤磨口时，不能用去污粉擦洗，以免损坏磨口。

5. 磨口仪器如果发生黏结，将磨口竖立，往上面缝隙间滴几滴甘油，让甘油慢慢渗入磨口；或将连接处用热风吹、热水煮，则可能使连接处松开。

6. 安装磨口仪器时，注意整齐、正确，使磨口连接处不受歪扭的应力，否则仪器容易破碎。

四、有机化学实验室常用装置

有机化学实验常用装置，一般由加热、搅拌、测温、滴液、冷却、干燥、气体吸收等功能单元组成，因此组装实验装置，应根据有机化学实验的具体特点和要求，结合仪器的性能、特点及应用范围，灵活选择仪器。

在安装玻璃仪器时要注意，通常用铁夹将仪器依次固定铁架台上，为避免玻璃仪器被夹坏，铁夹的双钳应用橡皮、布条、石棉绳等柔软材料包裹起来；玻璃仪器要夹的松紧适度，过松则装置不稳定，过紧可能会将仪器夹碎。

安装装置时一般从热源开始，先下后上，从左到右，装置轴线应与实验台边沿平行。实验完毕，拆卸仪器的顺序和安装仪器的顺序相反。

这里主要介绍蒸馏、分馏、回流、气体吸收等操作的仪器装置。

(一)蒸馏装置

蒸馏装置主要由汽化、冷凝、接收三部分组成。受热液体在烧瓶内汽化，扩散至冷凝管中被冷却液化，流入接收瓶。蒸馏装置常用于分离两种沸点相差较大(一般为30℃以上)的液体混合物和除去有机溶剂的操作中。常用的蒸馏装置如图2.2所示。

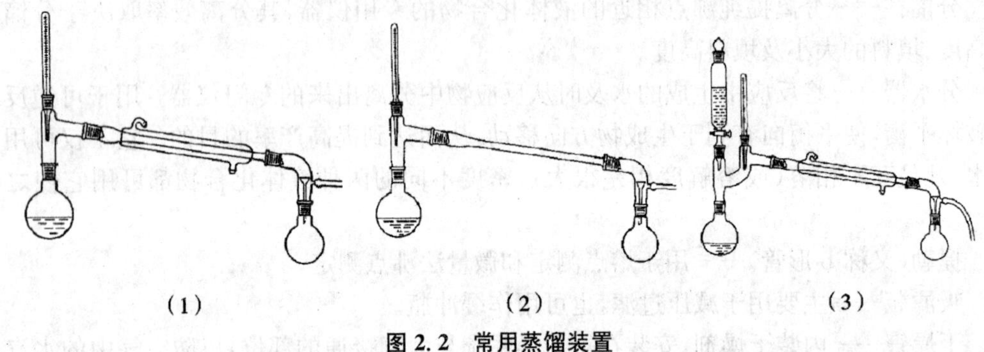

图2.2 常用蒸馏装置

图2.2中有三种常用的蒸馏装置可根据要求选用。图2.2(1)是最常用的普通蒸馏装置，图2.2(2)是将直形冷凝管换为空气冷凝管，常用于蒸馏沸点在140℃以上的液体。图2.2(3)是连续的边滴加、边反应、边蒸出的装置，常用于蒸出大量的溶剂。

圆底烧瓶是蒸馏常用的容器，其容量由所蒸馏的液体的体积决定，一般所蒸馏的原料液体的体积应为圆底烧瓶容量的1/3～2/3。

安装蒸馏装置时，温度计的水银球要完全被蒸气所包围，这样才能正确地测量出蒸气的温度，因此安装时，水银球的上端应恰好位于蒸馏头的支管下端的水平线上；如果蒸馏出的物质易受潮分解，可以在接收器上连接一个氯化钙干燥管。

(二)分馏装置

实验室中简单的分馏装置由热源、圆底烧瓶、分馏柱、温度计、冷凝管和接收器组成，如图2.3所示。

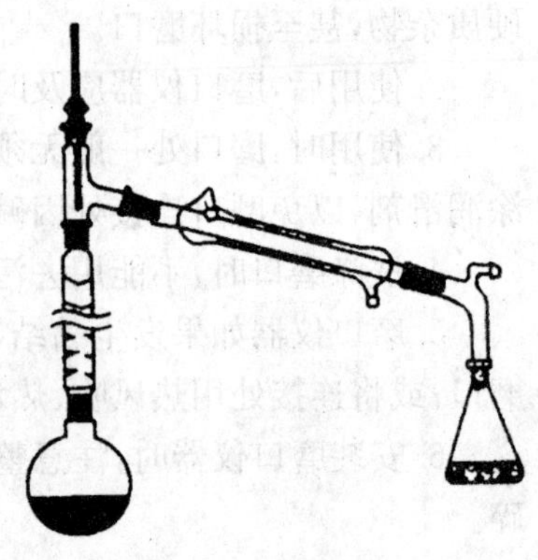

图2.3 分馏装置

分馏装置的安装基本上同蒸馏装置相同，分馏只是在圆底烧瓶和蒸馏头之间多了个韦氏分馏柱，安装时分馏柱要垂直于桌面。

(三)回流装置

回流装置主要由汽化、冷凝两部分组成。受热液体在烧瓶内汽化，在冷凝管中被冷却液化而流回烧瓶内。回流装置常用于必须加热到有机溶剂沸点附近的有机反应、重结晶、天然产物的提取等操作，常用回流装置如图2.4所示。

图2.4(1)所示是最常用的回流装置。图2.4(2)所示是可以防止吸潮的回流装置。图2.4(3)所示是带有吸收反应中生成气体的回流装置，适用于回流时有水溶性气体(如溴化氢、二氧化硫等)产生的实验。图2.4(4)所示是回流时同时滴加液体的装置。

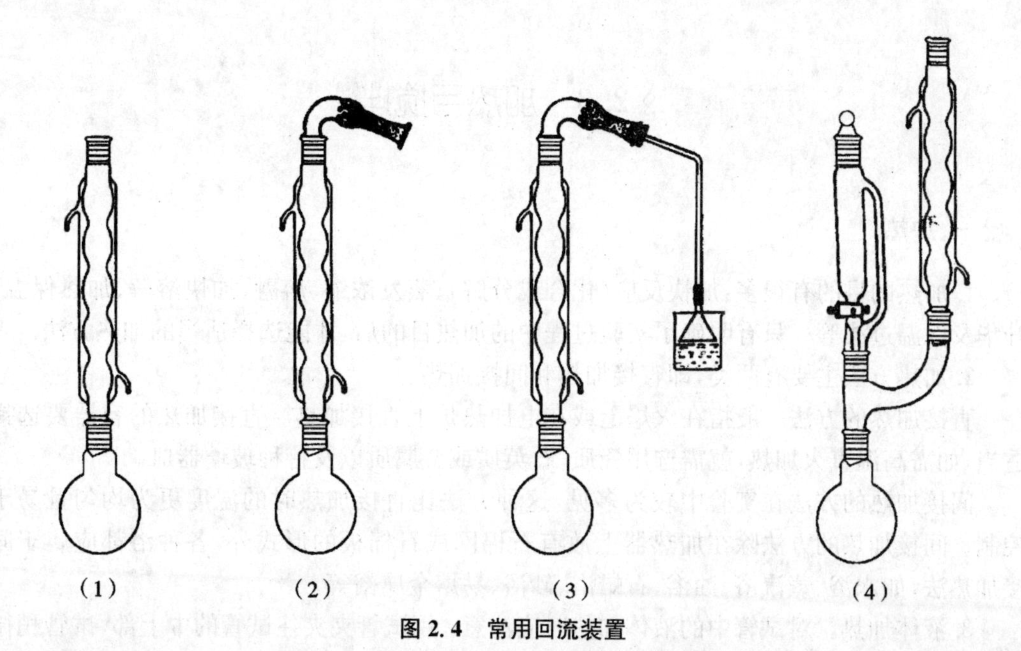

图2.4　常用回流装置

在加热回流时,烧瓶内应先放入沸石,并根据液体的沸腾程度来选择加热方式,控制冷凝管中溶剂的气-液界面不得高于冷凝管高度的1/3。

(四)气体吸收装置

气体吸收装置主要用于吸收反应过程中生成的有刺激性和水溶性的气体,如氯化氢、二氧化硫等。

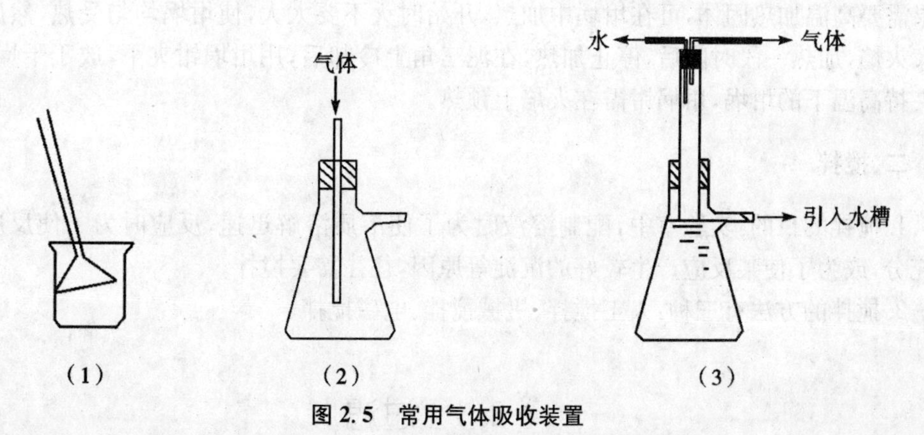

图2.5　常用气体吸收装置

图2.5(1)和2.5(2)所示是可用于少量气体的吸收装置,其中图2.5(1)中玻璃漏斗应略倾斜,使漏斗口一半在水中,一半在水面上。这样既能防止气体逸出,亦可防止水被倒吸至反应瓶。图2.5(3)所示用于反应过程中有大量气体生成或气体逸出很快时的气体吸收,水自上端流入抽滤瓶,在恒定的平面上溢出,其中粗的玻管恰好伸入水面,被水封住。

§2.3 加热与搅拌

一、加热

1. 加热的目的有很多:加快反应(化合或分解)、蒸发浓缩、熔融、加快溶解、加热保温、升华及保温过滤等。只有明确了实验过程中的加热目的后,才能选择适当的加热方法。

2. 加热方法主要有两类,即直接加热和间接加热。

直接加热的方法一般指在火焰上或在电加热炉上直接加热。直接加热的容器要选择适当,如需高温直火加热,就需选用瓷质、石英质或金属质以及特种玻璃器皿。

间接加热的方法在实验中较为多见,这种方法比直接加热时的温度更为均匀且易于控制。间接加热的方法除在加热器上放有石棉网或石棉板的形式外,各种浴都应属于间接加热法,如水浴、蒸汽浴、油浴、石蜡浴、砂浴、易熔金属浴等。

3. 液体加热。对试管中的液体加热时应注意,用试管夹夹住试管的中上部,试管稍微倾斜,管口向上,应使液体均匀受热,防止暴沸,不要把管口对着别人以免发生意外,试管内的液体不能超过试管高度的 1/2。

4. 固体加热。试管中固体加热时固体试剂的体积不能超过试管容积的 1/3,块状或粒状固体应先研磨,尽量在试管底部铺平。必须注意的是,管口要向下倾斜,加热时,先预热,再用外焰对准底部加热;在蒸发皿中将固体加热时应注意充分搅拌,使固体均匀受热;如果需要高温加热固体,可在坩埚中加热,开始时火不要太大,使坩埚均匀受热,然后逐渐加大火焰,加热一段时间后,停止加热,在泥三角上冷却后,用坩埚钳夹下,放于干燥器中;要夹持高温下的坩埚,坩埚钳需在火焰上预热。

二、搅拌

1. 搅拌的目的:实验室中,配制溶液时为了使溶质溶解迅速,反应时为了使反应物接触充分,或为了使某反应产生较好的沉淀等原因,往往需要搅拌。

2. 搅拌的方法有三种:人工搅拌、机械搅拌、电磁搅拌。

§2.4 过滤

过滤是常用的分离方法之一。当溶液和结晶(沉淀)的混合物通过过滤器(如滤纸)时,结晶(沉淀)就留在过滤器上,溶液则通过滤纸而滤入容器中。过滤所得的溶液叫做滤液。常用的三种过滤方法是常压过滤、减压过滤和热过滤。

一、常压过滤

此法最为简单和常用。

1.滤纸的选择:由沉淀量和沉淀的性质决定选用大小和致密程度不同的快速、中速和慢速滤纸。晶形沉淀多用致密滤纸过滤,蓬松的无定形沉淀要用较大的疏松的滤纸。由滤纸的大小选择合适的漏斗,放入的滤纸应比漏斗沿低0.5～1 cm。

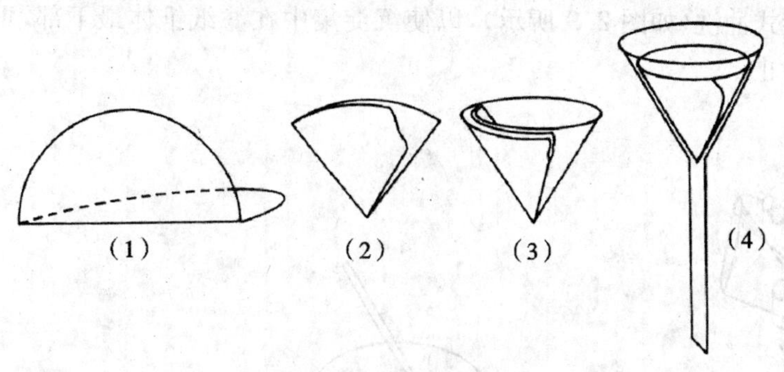

图2.6　滤纸的折叠和安放

2.滤纸的折叠和安放,如图2.6所示。先将滤纸沿直径对折成半圆(见图2.6(1)),再根据漏斗的角度的大小折叠(可以大于90°,见图2.6(2))。折好的滤纸,一个半边为三层,另一个半边为单层,为使滤纸三层部分紧贴漏斗内壁,可将滤纸的上角撕下(见图2.6(3)),并留做擦拭沉淀用。将折叠好的滤纸放在洁净的漏斗中,用手指按住滤纸,加蒸馏水至满,必要时用手指小心轻压滤纸,把留在滤纸与漏斗壁之间的气泡赶走,使滤纸紧贴漏斗并使水充满漏斗颈形成水柱,以加快过滤速度。

3.沉淀的过滤,一般多采用"倾泻法"过滤。操作如图2.7所示:将漏斗置于漏斗架之上,接受滤液的洁净烧杯放在漏斗下面,使漏斗颈下端在烧杯边沿以下3～4 cm处,并与烧杯内壁靠紧。先将含沉淀溶液的烧杯倾斜静置,然后将上层清液小心倾入漏斗滤纸中,使清液先通过滤纸,而沉淀尽可能地留在烧杯中,尽量不搅动沉淀。操作时一手拿住玻璃棒,使与滤纸近于垂直,玻璃棒位于三层滤纸上方,但不和滤纸接触。另一只手拿住盛含沉淀溶液的烧杯,烧杯嘴靠住玻璃棒,慢慢将烧杯倾斜,使上层清液沿着玻璃棒流入滤纸中,随着滤液的流注,漏斗中液体的体积增加,至滤纸高度的2/3处,停止倾注(切勿注满),停止倾注时,可沿玻璃棒将烧杯嘴往上提一小段,扶正烧杯;在扶正烧杯以前不可将烧杯嘴离开玻璃棒,并注意不让沾在玻璃棒上的液滴或沉淀损失,把玻璃棒放在烧杯内,但勿把玻璃棒靠在烧杯嘴部。

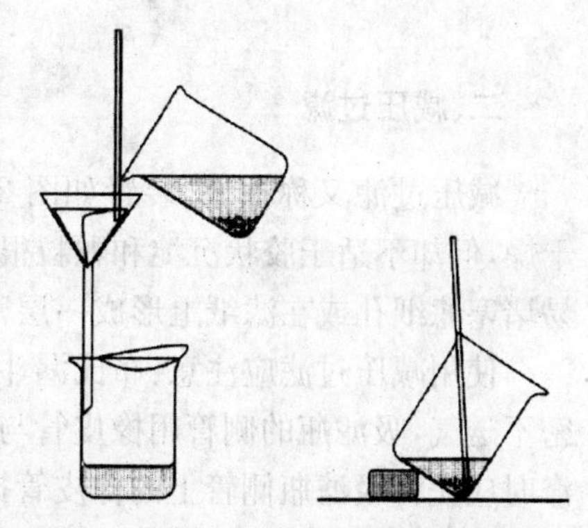

图2.7　倾泻法过滤操作和倾斜静置

4.沉淀的洗涤和转移。

(1)洗涤沉淀。一般也采用倾泻法,为提高洗涤效率,按"少量多次"的原则进行。即加入少量洗涤液,充分搅拌后静置,待沉淀下沉后,倾倒上层清液,重复操作数次后,将沉淀转移到滤纸上。

(2)转移沉淀。在烧杯中加入少量洗涤液,将沉淀充分搅起,立即将悬浊液一次转移到滤纸中。然后用洗瓶吹洗烧杯内壁、玻璃棒。重复以上操作数次,这时在烧杯内壁和玻璃棒上可能仍残留少量沉淀，这时可用撕下的滤纸角擦拭，放入漏斗中。然后如图 2.8 所示进行最后冲洗。

沉淀全部转移后，再在滤纸上进行洗涤，以除尽全部杂质。注意：在用洗瓶冲洗时是自上而下螺旋式冲洗（如图 2.9 所示），以使沉淀集中在滤纸锥体最下部，重复多次，直至检查无杂质为止。

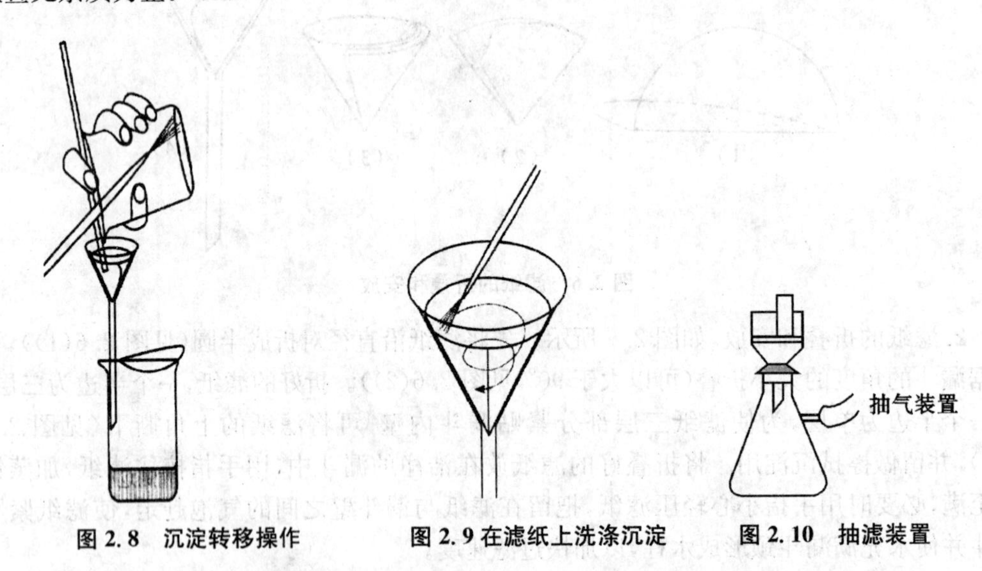

图 2.8　沉淀转移操作　　图 2.9 在滤纸上洗涤沉淀　　图 2.10　抽滤装置

二、减压过滤

减压过滤又称抽滤，装置如图 2.10 所示。减压虽可加速过滤，并且把沉淀抽得比较干燥，但却不适于胶状沉淀和颗粒很细的沉淀的过滤。因为前者更易透过滤纸，而后者更易堵塞滤纸孔或在滤纸上形成一层密实的沉淀，使溶液不易透过。

使用减压过滤应注意：布氏漏斗通过橡皮塞与吸滤瓶相连，橡皮塞与瓶口之间必须紧密不透气，吸滤瓶的侧管用橡皮管与安全瓶相连，安全瓶与水泵相连。停止抽滤或需要洗涤时应先将吸滤瓶侧管上的橡皮管拔掉，或将安全瓶的塞子打开，以免引起倒吸。布氏漏斗的下端斜口应正对吸滤瓶的侧管。滤纸要比布氏漏斗内径小，但必须全部覆盖漏斗的小孔，滤纸也不能太大，否则边缘会贴到漏斗壁上，使部分液体不经过过滤直接沿漏斗壁漏入吸滤瓶。抽滤前，应用溶剂将滤纸湿润后抽滤，使其紧贴于漏斗底部，然后向漏斗内转移待分离的混合物。

三、热过滤

如果不希望滤液中的溶质在过滤的时候留在滤纸上，应使用热过滤。热过滤的方法有以下几种：

1. 少量溶液的过滤，可选用一颈短而粗的玻璃漏斗放在烘箱里预热后使用，在漏斗中放一折叠滤纸，使用前，先用热的溶剂湿润滤纸，然后迅速倾倒混合物，用表面皿盖好漏斗，以减少溶剂的挥发。

2. 若过滤的液体较多，应用保温漏斗，如图 2.11 所示。保温漏斗是一种减少散热的夹套式漏斗，夹套是在金属套内安装一玻璃漏斗形成，使用时，将热水倒入夹套，加热侧管，漏斗中放入折叠滤纸，用少量热溶剂润湿滤纸。立即把热的待分离的混合物倒入漏斗。热过滤时一般不用玻璃棒引流，以免加速降温，接收热过滤滤液的容器内壁不要贴紧漏斗颈，以免滤液迅速冷却析出晶体。若操作顺利，只会有少量结晶在滤纸上析出，可用少量热溶剂洗下，若结晶较多，可将滤纸取出，用刮刀刮回原来容器中，重新热过滤。

滤纸折叠方法：先将圆形滤纸对半折叠，再对折成圆形的四分之一，展开后，形成边 1、边 4 和边 3，以 3 与 4 对折折出 5，1 与 4 对折折出 6，如图 2.11(1)所示；以 3 与 6 对折折出 7，1 与 5 对折折出 8，如图 2.11(2)所示；以 3 与 5 对折折出 9，1 与 6 对折折出 10，如图 2.11(3)所示；在 8 个等分的小格中间以相反方向折成 16 等分，结果得到折扇一样的排列，如图 2.11(4)所示；最后在 1-2 和 2-3 处各向内折一小折面，展开后即得到扇形的折叠滤纸，如图2.11(5)所示。

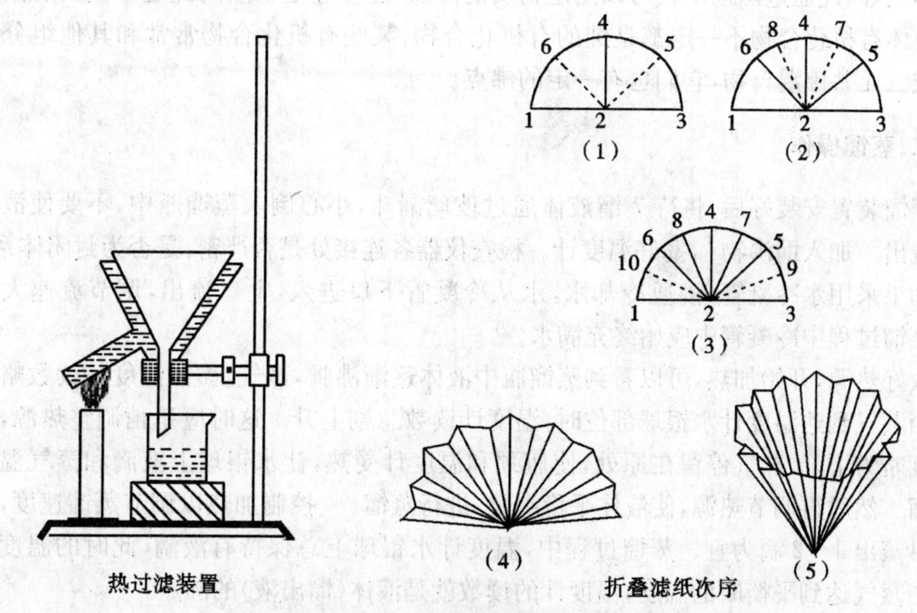

图 2.11　热过滤装置及滤纸折叠方法

热过滤要求操作准确充分，动作迅速。

§2.5　常压蒸馏与沸点的测定

蒸馏是液体有机化合物的纯化和分离的一种常用的方法。通过蒸馏也可以测定化合物的沸点，所以蒸馏是鉴定液体有机化合物纯度的一种常用方法。

一、基本原理

液体的分子由于分子运动，有从表面逸出的倾向，这种倾向随温度的升高而增大。实验证明，液体的蒸气压与温度有关，即液体在一定的温度下有一定的蒸气压，与体系中存在的液体量和蒸气量无关。

将液体加热，它的蒸气压随温度的升高而增大，当液体的蒸气压增大至与外界液面的总压力(通常是大气压力)相等时，开始有气泡不断地从液体内部逸出，即液体沸腾，这时的温度称为该液体的沸点。因此，液体的沸点与外界压力的大小有关。纯的液体有机化合物在一定的压力下具有一定的沸点，通常所说的沸点，是指在101.3 kPa(760 mmHg)压力下液体沸腾的温度。例如，水的沸点为100℃，是指在101.3 kPa压力下水在100℃时沸腾。所以，在说明液体沸点时应注明压力。

所谓蒸馏就是将液体加热至沸腾状态，使该液体变成蒸气，然后将蒸气冷凝再得到液体的过程。一般的，当各组分的沸点相差在30℃以上时，通过蒸馏可以较好地使混合物得到部分或全部分离。

在整个蒸馏过程中，沸点变化很少，只有0.5℃～1℃，不纯的液体有机化合物没有恒定的沸点，因此通过蒸馏不仅可以测定物质的沸点，还可鉴定物质的纯度。但具有固定沸点的液体有机化合物不一定都是纯的有机化合物，某些有机化合物常常和其他组分形成二元或三元共沸混合物，它们也有一定的沸点。

二、蒸馏操作

蒸馏装置安装好后，将待蒸馏液体通过玻璃漏斗，小心倒入蒸馏瓶中，不要使液体从支管流出。加入助沸物①，塞好温度计。检查仪器各连接处是否严密，是否为封闭体系。

如果采用水冷凝管，接通冷却水，水从冷凝管下口进入，上口流出，调节流速大小适中。蒸馏过程中冷凝管中应始终充满水。②

放好热源，开始加热，可以看到蒸馏瓶中液体逐渐沸腾，蒸气上升，温度计读数略有上升。当蒸气到达温度计水银球部位时，温度计读数急剧上升。这时应稍稍调整热源，使加热速度略为下降，蒸气停留在原处，使瓶颈和温度计受热，让水银球上液滴和蒸气温度达到平衡。然后再调节热源，使液体平稳沸腾，进行蒸馏。③ 控制加热以调节蒸馏速度，通常以每秒蒸出1～2滴为宜。蒸馏过程中，温度计水银球上总保持有液滴，此时的温度即为液体与蒸气达到平衡时的温度，温度计的读数就是液体(馏出液)的沸点。

注意观察温度变化，在达到收集物的沸点之前常有沸点较低的液体先蒸出。这部分馏液称为“前馏分”或“馏头”。前馏分蒸完，温度趋于稳定后，馏出的就是较纯物质，这时

---

① 助沸物指的是敲碎成小粒的素烧瓷片或毛细管、玻璃沸石等多孔性物质。当液体加热到沸腾时助沸物内的小气泡成为液体分子的汽化中心，使液体平稳地沸腾，防止液体因过热而产生暴沸。如果事先忘记加入助沸物，决不能在液体加热到接近沸点时补加，这样会引起剧烈的暴沸！必须等液体冷却后再补加。若是间断蒸馏，每次蒸馏前都要重新加入助沸物。烧瓶底若有固体，加热时一定要小心，避免使用大火，引起局部过热剧烈振动，先用小火使固体熔化，而后加入助沸物。

② 冷却水的流速以能保证蒸气充分冷凝为宜，通常只需保持缓慢的水流即可。

③ 蒸馏时加热不能太剧烈，否则会在蒸馏瓶的颈部造成过热现象，使部分液体的蒸气直接受到火焰的热，这样温度计的读数偏高；另一方面如加热温度过低，蒸气达不到支管口处，温度计的水银球不能为蒸气充分浸润而使温度计的读数偏低或不规则。

应更换接收器。记下开始馏出和最后一滴时的温度，就是该馏分的沸程（沸点范围）[①]。当一化合物蒸完后，这时若维持原来温度就不会再有馏液蒸出，温度会突然下降，遇到这种情况，应停止蒸馏。即使杂质含量很少，也不要蒸干。由于温度升高，被蒸馏物分解影响产品纯度或发生其他意外事故。特别是蒸馏硝基化合物及含有过氧化物的溶剂时，切忌蒸干，以防爆炸。

蒸馏完毕，应先撤出热源，然后停止通水，待仪器稍冷后，拆除蒸馏装置（与安装顺序相反）。

三、沸点的测定

沸点的测定有常量法和微量法两种。液体不纯，沸程则较宽。因此，不管用哪种方法来测定沸点，在测定之前必须设法对液体进行纯化。

常量法测定沸点，用的是蒸馏装置，在操作上也与简单蒸馏相同。

微量法测定沸点所使用的装置见图 2.12。

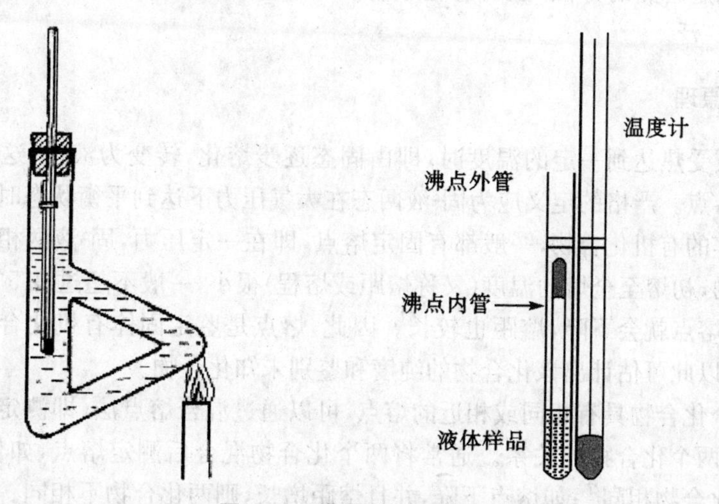

图 2.12　微量法测定沸点

测量时，先在沸点外管内加几滴待测液体。将测沸点内管倒插，作好一切准备后开始加热提勒管。由于沸点内管里气体受热膨胀，很快有小气泡缓缓地从液体中逸出。气泡由缓缓逸出变为快速而且是连续不断地往外冒。此时，立即停止加热，随着温度的降低，气泡逸出的速度也明显减慢。当看到气泡不再冒出而液体刚要进入沸点内管时（外液面和内液面等高）的一瞬间，马上记下此时的温度。两液面相平，说明沸点内管里的蒸汽压与外界压力相等，这时的温度即为该液体的沸点。

微量法测定沸点应注意三点：第一，加热不能过快，被测液体不宜太少，以防液体全部汽化；第二，沸点内管里的空气要尽量赶干净，正式测定前，让沸点内管里有大量气泡冒出，以此带出空气；第三，观察要仔细及时并重复几次，其误差不得超过 1℃。

---

① 液体的沸点范围可代表其纯度。纯的液体沸点范围一般不超过 1℃～2℃。蒸馏通常只适用于分离沸点相差较大的混合物。

思考题

1. 什么叫沸点？液体的沸点和大气压有什么关系？文献里记载的某物质的沸点是否即为你们那里的沸点温度？

2. 蒸馏时加入沸石的作用是什么？如果蒸馏前忘记加沸石，能否立即将沸石加至将近沸腾的液体中？当重新蒸馏时，用过的沸石能否继续使用？

3. 如果液体具有恒定的沸点，那么能否认为它是单纯物质？

§2.6　熔点的测定及温度计校正

熔点测定对有机化合物的研究具有很大实用价值，如何测出准确的熔点是一个重要问题。目前测定熔点的方法，主要有毛细管法和显微熔点法等，其中以毛细管法较为简便，应用也较广泛。

一、基本原理

晶体物质受热达到一定的温度时，即由固态逐步熔化，转变为液体，这时的温度就是该化合物的熔点。严格的定义应为固-液两态在大气压力下达到平衡状态时的温度。

对于纯粹的有机化合物，一般都有固定熔点，即在一定压力，固-液两相之间的变化都是非常敏锐的，初熔至全熔的温度（又称熔距或熔程）很小，一般不超过 0.5℃～1℃。如物质混有杂质，熔点就会下降，熔距也较长。因此，熔点是鉴定固体有机化合物的一个重要的物理常数，以此可估计出该化合物的纯度和鉴别未知化合物。

如果两个化合物具有相同或相近的熔点，可以通过混合熔点法（即测定其混合物的熔点）来判断这两个化合物的关系。通常将两个化合物混合后测定熔点，如仍为原来熔点，即认为两个化合物相同[①]；如熔点下降，并且熔距增长，则两化合物不相同。

二、实验操作

下面主要介绍毛细管法测定熔点的实验步骤。

（一）熔点管的制备

选取内径为 1 mm 左右，长为 9～10 cm 的毛细管，用灯焰将其一端熔封，作为熔点管。烧制过程中毛细管尽量与酒精灯外焰垂直，且不断旋转熔点管。

（二）试样的装入

放少许（0.1 g）待测熔点的干燥试样于干净的表面皿上，研成很细的粉末，堆积在一起，将熔点管开口一端向下插入粉末中，然后将熔点管开口一端朝上轻轻在桌面上敲击，或取一支长 30～40 cm 的干净玻璃管，垂直于表面皿上，将熔点管从玻璃管上端自由落

---

① 有时两种熔点相同的不同物质混合后，熔点可能维持不变，也可能上升，这可能与生成新的物质或形成固熔体有关。

下，以便粉末试样装填紧密。装入的试样如有空隙则传热不均匀，影响测定结果。上述操作需重复数次，至毛细管内样品的高度为2～3 mm。填好的毛细管，样品柱表面应光滑、均匀、紧密。黏附于管外粉末需拭去，以免污染加热浴液。

（三）热浴的准备和装置的安装

把提勒熔点管（b形管）垂直固定为铁架台上，装入导热浴液[①]，液面恰好至b形管侧管上沿。

把装填好的毛细管用小橡皮圈固定在温度计的一侧，让毛细管的样品部分紧贴在温度计水银球的中部（见图2.13），然后用开口软木塞把温度计固定好，小心地插入b形管中，使温度计及样品管垂直悬浸在热浴中（注意不要使橡皮圈浸入导热浴液），温度计的水银球应处于b形管两侧口的中部，不与浴壁接触。

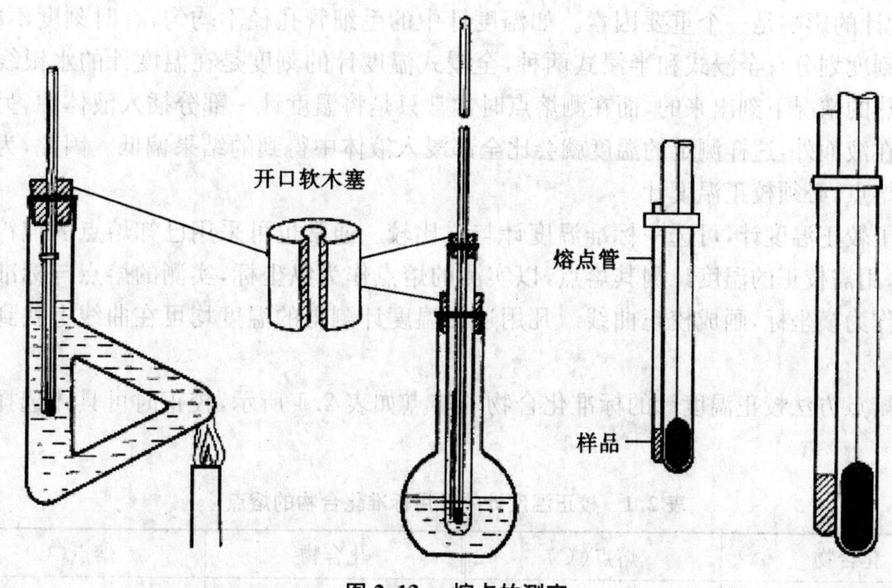

图2.13　熔点的测定

（四）熔点测定

安装好装置后，把灯焰固定在b形管的侧管外端下方加热，如图2.13所示。

准确测定样品的熔点，首先应该测定熔点的大致范围，升温可以稍快，一般每分钟4℃～5℃，直至样品熔化，记下此时温度计读数，即粗略测得样品的熔点。

将温度计取出，换上第二根毛细管[②]。开始时升温速度也可快些，当温度距离该化合物熔点为10℃～15℃时，调整火焰使每分钟上升1℃～2℃，愈接近熔点，升温速度应愈缓慢[③]，每分钟0.2℃～0.3℃。此期间观察者要注意观察样品，当发现样品出现塌落、凹陷现

① 可以根据被测物质的熔点来选择浴液，被测物质的熔点在90℃以下，可用水做浴液；被测物质的熔点在90℃以上，220℃以下，可用液体石蜡做浴液；熔点再高，可用浓硫酸做浴液，可加热至270℃，但浓硫酸腐蚀性强，使用时要佩戴防护眼镜。

② 待浴温冷至熔点以下30℃左右，再另取一根装好试样的熔点管作准确的测定。

③ 为了保证有充分时间让热量由管外传至毛细管内使固体熔化，升温速度是准确测定熔点的关键；另一方面，观察者不可能同时观察温度计所示读数和试样的变化情况，只有缓慢加热才可使此项误差减小。

象①,并伴有小液珠出现时,表示样品已开始熔化(初熔),记下此时温度,继续小心加热,直到样品全部转化为透明液体时(全熔),再记下此时温度,初熔温度至全熔温度范围即为该化合物的熔距。

熔点测定,至少要有两次的重复数据。每一次测定必须用新的熔点管另装试样,不得将已测过熔点的熔点管冷却,使其中试样固化后再做第二次测定。因为有时某些化合物部分分解,有些经加热会转变为具有不同熔点的其他结晶形式。

熔点测定结束后,一定要等熔点浴冷却后,方可将浴液倒回瓶中。

三、温度计的校正

上述方法测定熔点时,熔点的读数与实际熔点之间常有一定的差距,原因是多方面的,温度计的影响是一个重要因素。如温度计中的毛细管孔径不均匀,有时刻度不精确;温度计刻度划分有全浸式和半浸式两种,全浸式温度计的刻度是在温度计的水银线全部均匀受热的情况下刻出来的,而在测熔点时常常只是将温度计一部分插入液体中,另外一部分露在液面外,这样测定的温度就会比全部浸入液体中得到的结果偏低。因此,为测定准确的熔点,必须校正温度计。

为了较正温度计,可选一标准温度计与之比较。通常也可采用已知熔点的纯粹有机化合物,用需校正的温度计测其熔点,以实测的熔点作为纵坐标,实测的熔点与标准熔点的差值作为横坐标,画成校正曲线。凡用这支温度计测得的温度均可在曲线上找到校正值。

用熔点方法校正温度计的标准化合物的熔点如表 2.1 所示,校正时可具体选择其中几种。

表 2.1　校正温度计的常用标准化合物的熔点

化合物	熔点(℃)	化合物	熔点(℃)
水-冰(蒸馏水制)	0	苯甲酸	122
α-萘胺	50	尿素	133～134
二苯胺	54～55	二苯基羟基乙酸	151
苯甲酸苯酯	69.5～71	水杨酸	159
萘	80.5	丁二酸	188
间二硝基苯	90	3,4-二硝基苯甲酸	205
二苯乙二酮	95～96	蒽	216.1
乙酰苯胺	114.3	酚酞	262～263

温度计零点的测定最好用蒸馏水和纯冰的混合物,在一个长为 15 cm,直径为 2.5 cm 的试管中放入蒸馏水 20 mL,将试管浸入冰盐浴中至蒸馏水部分结冰,用玻璃棒搅动使之

① 要注意在加热过程中试样是否有萎缩、变色、发泡、升华、碳化等现象,均应如实记录。

成冰-水混合物，将试管从冰盐浴中移出，然后将温度计插入冰-水中，用玻璃棒轻轻搅动混合物，到温度恒定 2～3 min 后再读数。

思考题

1. 测熔点时，若有下列情况将产生什么结果？

(1)熔点管壁太厚。

(2)熔点管底部未完全封闭，尚有一针孔。

(3)熔点管不洁净。

(4)样品未完全干燥或含有杂质。

(5)样品研得不细或装得不紧密。

(6)加热太快。

2. 是否可以使用第一次测过熔点时已经熔化的有机化合物再作第二次测定呢？为什么？

§2.7　分馏

液体混合物中的各组分，若其沸点相差很大，可用普通蒸馏法分离；若其沸点相差不大，用普通蒸馏法就难以精确分离，而应当用分馏的方法分离。目前，分馏是分离提纯液体有机混合物的重要方法之一，精密的分馏设备可将沸点相差仅 1℃～2℃ 的液体混合物分离开。

一、基本原理

如果将沸点不同而又完全互溶的液体混合后加热，当其总蒸气压等于外界压力时，液体混合物开始沸腾汽化，其气相与液相达成平衡，出来的蒸气中含有较多量易挥发组分。将此蒸气冷凝成液体，其组成与气相组成等同，即含有较多的低沸点组分，而未蒸出的残留物中含有较多量的高沸点组分。这就是进行了一次简单的蒸馏。如果将蒸汽冷凝的液体重新蒸馏，再进行了一次气液平衡，如此产生的蒸气中所含有的易挥发物质的组分又有所增高，同样，将此蒸气经过冷凝后收到的液体中易挥发物质的组成当然也高。如此多次反复，最终将组分分开。

分馏实际上就是使沸腾着的混合物蒸气通过分馏柱（工业上用分馏塔）进行一系列的热交换，由于柱外空气的冷却，蒸气中高沸点的组分就被冷却为液体，回流入烧瓶中，上升的蒸气中含低沸点的组分就相对增加，当冷凝液回流途中遇到上升的蒸气，两者之间又进行热交换，上升的蒸气中高沸点的组分又被冷凝，低沸点的组分仍继续上升，易挥发的组分又增加了，如此在分馏柱内反复进行着气化、冷凝、回流等程序，当分馏柱的效率相当高且操作正确时，在分馏柱顶部出来的蒸气就接近于纯低沸点的组分。这样，最终便可将沸点不同的物质分离出来。

可以看出，采用分馏的分离效果比简单蒸馏要好得多。但必须指出，当两种或三种液体以一定比例混合，可组成具有固定沸点的混合物，将这种混合物加热至沸腾时，在气液平衡体系中，气相组成和液相组成一样，故不能使用分馏法将其分离出来，只能得到按一定比例组成的混合物，这种混合物称为共沸混合物或恒沸混合物，它的沸点称为共沸点。

二、分馏操作

分馏操作和蒸馏操作基本相同，但要注意控制温度并随时接收不同温度区间的馏分。

安装好分馏装置后，把待分馏的液体倒入烧瓶内，其体积一般不超过烧瓶容量的 1/2，加入几粒沸石，检查分馏装置合格后，可开始加热。

1. 根据待分馏液体的沸点范围，选择合适的热源加热，常用的热源有水浴、油浴或用电热套加热。加热时，为减少分馏柱中热量损失和外界温度对柱温的影响，可在分馏柱外包裹石棉绳或玻璃布等保温材料。

2. 待液体开始沸腾，要注意调节温度，使蒸气缓慢而均匀地沿分馏柱壁上升。当蒸气上升至柱顶部，开始由馏分馏出时，记录接收第一滴馏出液时温度，并调节加热温度，一般的简单分馏，使馏出液速度为 2～3 s 1 滴，如果分馏速度过快，馏出物纯度将降低；如果太慢，馏出温度有所波动，上升的蒸气会时断时续。总之，要达到好的分馏效果，应控制分馏速度，并使一定的冷凝液流回烧瓶，即控制一定的回流比（蒸出液体的量与冷凝后流回烧瓶的量之比）。

3. 根据实验要求，分段收集馏分。实验完毕后，应称量各段馏分。

思考题

1. 分馏和蒸馏在原理及装置上有哪些异同？如果是两种沸点很接近的液体组成的混合物能否用分馏来提纯呢？

2. 什么叫共沸物？为什么不能用分馏法分离共沸混合物？

§2.8 重结晶

从有机反应中分离出的固体有机化合物往往是不纯的，其中夹杂一些反应的副产物、未反应的原料等，而重结晶就是提纯固体有机化合物常用的方法之一。

一、实验原理

固体有机化合物在溶剂中的溶解度往往与温度有密切的关系，一般是温度升高，溶解度增大。将固体有机化合物溶解在热的溶剂中达到饱和，冷却时由于溶解度降低，溶液变成过饱和而析出晶体。重结晶就是利用溶剂对混合物中各组分的溶解度不同，并且随温度的升降各组分溶解度的改变也不相同，绝大多数情况下重结晶提纯是利用被提纯的物质在热溶剂中溶解度大，而在冷溶剂中几乎不溶或溶解度甚小，使被提纯物质从过饱和溶液中析出。让杂质部分或全部留在溶液中。杂质在热溶剂中不溶的，趁热过滤混合物的饱和溶液即可除去，从而达到分离提纯目的。

二、实验操作

重结晶操作的一般过程包括以下步骤。

(一)溶剂的选择

正确选择适宜的溶剂是进行重结晶的前提,为了达到纯化的目的,理想的溶剂必须符合以下条件:

(1)与被提纯的有机化合物不起化学反应;

(2)高温时,被提纯的有机化合物应有较大的溶解度,而室温或在低温时几乎不溶;

(3)对杂质的溶解度很大或很小,前者是使杂质留在母液中,后者是趁热过滤除去;

(4)对要提纯的有机化合物能生成较整齐的晶体;

(5)溶剂的沸点,不宜太低,也不宜过高。过低时,被提纯物质溶解度改变不大,难分离,且操作也不方便;过高时,附着于晶体表面的溶剂不易除去;

(6)无毒或毒性很小,操作安全,价格低易回收。

选择溶剂时应先查阅有关的文献和手册,也可根据"相似相溶"的一般原理进行实验选择。具体方法:取0.1 g待重结晶样品,放入一小试管中,滴加约1 mL溶剂,如样品在冷时或热时,都能溶于1 mL溶剂中,则这种溶剂不合用;若样品不溶于1 mL沸腾溶剂中,再分批加入溶剂,每次加入0.5 mL,并加热至沸,当总量达到3 mL,而样品仍未溶解,说明样品在该溶剂中难溶,也不适用;若样品溶于3 mL以内的热溶剂中,冷却后仍无结晶析出,这种溶剂也不适用;只有当溶剂的量在2~3 mL内,样品能全部溶于沸腾的溶剂中,且在冷却后有较多的结晶析出,方可作为重结晶的候选溶剂。通常要做几种溶剂实验,筛选其中最优者。常用的理想溶剂见表2.2。

表2.2 重结晶常用理想溶剂

溶剂	沸点(℃)	相对密度	溶剂	沸点(℃)	相对密度
水	100	1.00	苯	80.1	0.88
甲醇	64.7	0.79	甲苯	110.6	0.87
乙醇	78.4	0.79	乙酸乙酯	77.1	0.90
丙酮	56.5	0.79	三氯甲烷	61.2	1.49
乙醚	34.6	0.71	四氯化碳	76.7	1.59
环己烷	80.8	0.78	乙腈	81.6	0.78

如果难以选择一种适宜的溶剂,可考虑选用混合溶剂。混合溶剂一般由两种能互相溶解的溶剂组成,重结晶样品易溶于其中之一种溶剂,而难溶于另一种溶剂。先将重结晶样品溶于易溶溶剂中,沸腾时趁热逐渐加入预热的难溶溶剂,至溶液变浑浊,再加入少许易溶溶剂,溶液又变澄清。放置,冷却,结晶析出,则这种混合溶剂适用。

常用的混合溶剂有乙醇-水、甲醇-水、水-丙酮、水-乙酸、石油醚-苯等。

(二)热饱和溶液的制备

将重结晶样品置于锥形瓶中,若用的溶剂是低沸点、易燃的或有毒的,必须装上回流冷凝管，并根据其沸点的高低，选用热源。先加入需要量稍少的适宜溶剂，加热到沸腾后，若未完全溶解，可逐次添加少量溶剂，每次加溶剂后需再加热使溶液沸腾，直至样品完全溶解，记录溶剂用量，再多加约 20%的溶剂（避免溶剂挥发和热过滤时因温度变化，使晶体过早析出而造成损失）。但要注意判断是否有不溶性杂质存在，以免误加入过量的溶剂。

（三）脱色

如果重结晶溶液带有颜色，可加入适量活性炭（根据颜色深浅决定用量，一般为固体化合物的 1%～5%）进行脱色，活性炭必须等溶液稍冷后再加，不能加到沸腾的溶剂中，以免溶剂暴沸，然后加热煮沸 5～10 min，趁热过滤。

（四）热过滤

趁热过滤除去不溶性杂质，热过滤有两种方法：

(1)减压热过滤：减压过滤使用布氏漏斗和吸滤瓶，所用滤纸大小应比漏斗底部内径稍小，用水湿润后，使滤纸紧贴预热好的漏斗底部，打开水泵减压将滤纸吸紧，迅速将热溶液倒入布氏漏斗中，在过滤中漏斗应一直保持有较多的溶液，在未过滤完以前不要抽干，并要注意瓶内压力不宜抽得过低。滤完，用少量热溶剂洗活性炭一次。

抽滤完后，先将吸滤瓶与水泵间的橡皮管拆开，再关闭水泵，以免水倒流入吸滤瓶中。

(2)常压热过滤：利用重力过滤来除去不溶性杂质，同时又防止过滤过程中溶液冷却析出结晶。

（五）冷却结晶

将滤液自然冷却，使晶体慢慢析出，可溶性杂质则留在母液中。

如果溶液冷却后未有结晶析出，可用玻璃棒摩擦瓶壁促使晶体形成；也可加入几粒同一物质的晶体，或取出少量溶液，使其挥发后得到结晶，再加入溶液中，作为晶种，使结晶析出。

（六）晶体的过滤、洗涤和干燥

抽滤将结晶和溶液分离，瓶中残留结晶可用少量母液冲洗并转移到布氏漏斗中。为除去存在于结晶表面的母液，用重结晶的同一溶剂进行洗涤。洗涤时，溶剂用量要小，一般洗涤 1～2 次。

洗涤后结晶，尚需干燥除去表面吸附的溶剂，干燥的方法一般有空气晾干、烘干或用滤纸吸干。

思考题

1. 重结晶要经过哪些步骤？
2. 在选择溶剂进行重结晶时，应注意什么？
3. 加活性炭脱色应注意哪些问题？

§2.9 升华

升华是纯化固体有机化合物或分离不同挥发度的固体混合物的一种方法，常可得到较高纯度的产物，但操作时间长，损失也较大，在实验室里只用于较少量（1～2 g）物质的纯化。

一、基本原理

固体物质具有较高的蒸气压，当加热时，不经液态直接转变成蒸气，冷却后又变成固态，这个过程称为升华。具体地说，在其熔点温度以下具有相当高（高于 2.67 kPa）蒸气压的固态物质，才可用升华来提纯。

不同的固体物质具有不同的蒸气压，一般说来，对称性较高的固态物质具有较高的熔点，且在熔点温度以下具有较高的蒸气压，易于用升华来提纯。有些化合物，在接近其熔点时，蒸气压也很低，如对硝基苯甲酸，一般不能用升华法提纯。有些化合物在常压下虽具有一定的蒸气压，但不易升华，可采用减压升华，如苯甲酸。表 2.3 列出几种固态物质在其熔点时的蒸气压，可供参考。

表 2.3　几种固态物质在其熔点时的蒸气压

化合物	熔点（℃）	在熔点时的蒸气压（Pa）
樟脑	179	49 329.3
碘	114	11 999
萘	80	933.3
苯甲酸	122	800
对硝基苯甲醛	106	1.2

二、实验操作

（一）常压升华

最简单的常压升华装置如图 2.14 所示。把待精制的粗产物放置在蒸发皿中，上面覆盖一张刺有许多小孔的滤纸（滤纸上的小孔是防止升华后的物质落回蒸发皿），然后将大小合适的玻璃漏斗倒盖在上面，漏斗的颈部塞有玻璃毛或脱脂棉花团，以减少蒸气逃逸。在石棉网上渐渐加热蒸发皿（最好能用砂浴或其他热浴），小心调节火焰，逐渐升高温度，使待精制的物质汽化，蒸气通过滤纸小孔上升，冷却后凝结在滤纸上或漏斗壁上。必要时外壁可用湿布冷却。待全部升华完毕，收集产品。

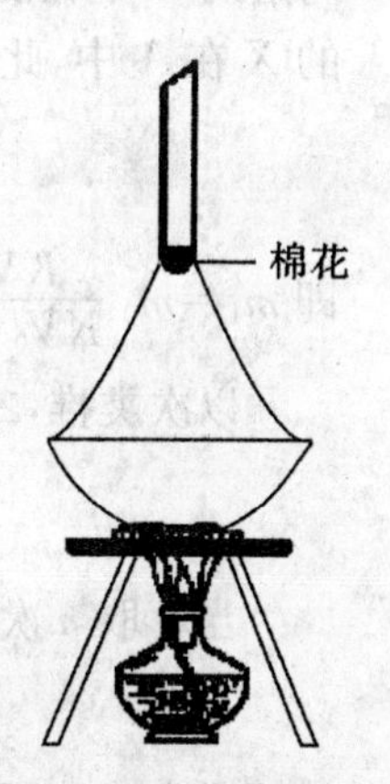

图 2.14　升华装置

（二）减压升华

减压升华是将固体物质放在吸滤管中，然后用装有“冷凝管”的橡皮塞紧紧塞住管口，内通冷凝水。将吸滤管浸在水浴或油浴中加热，并利用水泵或油泵抽气减压，使物质升华。升华物质蒸气因受冷凝水冷却，凝结在冷凝管底部。

思考题

1. 升华分离的必要条件和适用范围是什么？
2. 升华操作为什么要缓慢加热？

§2.10 萃取

萃取也是有机化学实验中分离和提纯化合物常用的操作之一，可以用来从固体或液体混合物中提取出所需要的物质。

一、基本原理

物质从液体或固体混合物中转移到另一种溶剂中的过程叫萃取，是利用物质在两种互不相溶的溶剂中溶解度或分配系数的不同来达到分离或纯化目的的一种操作。从液体中萃取称为液-液萃取，从固体中萃取称为液-固萃取。

(一)液-液萃取

当一种化合物处于两种互不相溶或微溶的溶剂混合液时，就会同时溶入两种溶剂中，达到平衡后，化合物在两种溶剂中的浓度之比，称为分配系数。分配系数在一定温度时是一个常数，一般用 K 表示。

$$K=\frac{c_1}{c_2}$$

式中 c_1，c_2 也可分别用化合物在溶剂 1 和 2 中的溶解度代替。

根据分配系数关系式，可以计算出萃取后化合物的剩余量。假设质量为 m_0 的有机化合物 X 溶解于体积为 V_0(mL)的溶剂 A 中，如要从 A 中萃取 X，选择对 X 溶解度极好，且与溶剂 A 不相混溶和不起化学反应的溶剂 B，加入 V(mL)溶剂 B 萃取后，还有质量为 m_1 的 X 在 A 中，此时 X 在 A、B 两相间的浓度比为

$$K=\frac{m_1/V_0}{(m_0-m_1)/V}$$

即 $m_1=m_0\ \dfrac{KV_0}{KV_0+V}$，为第一次萃取后 X 残留在 A 中的量。

以次类推，二次萃取后，

$$m_2=m_1\ \frac{KV_0}{KV_0+V}=m_0\left(\frac{KV_0}{KV_0+V}\right)^2$$

当萃取 n 次后，残留在 A 溶剂中的 X 的质量为

$$m_n=m_0\left(\frac{KV_0}{KV_0+V}\right)^n$$

因$\dfrac{KV_0}{KV_0+V}$小于 1，所以 n 值越大，m_n 越小，说明当用一定量的溶剂进行萃取时，多次萃取比一次萃取效率要高。

但连续萃取的次数并不是无限度的，一般以三次为宜。当溶剂的总量保持不变时，萃取次数增多，每次使用的溶剂量就要减少，当 $n>5$ 时，n 与 V 的影响几乎就相互抵消了，则 $m_n/m_{(n+1)}$ 变化不大。

(二)液-固萃取

液-固萃取是从固体混合物中萃取所需要的物质,通常是用长期浸出法或采用脂肪提取器(索氏提取器,如图 2.15 所示),前者是靠溶剂长期的浸润溶解而将固体物质中的需要成分浸出来,效率低,溶剂量大。

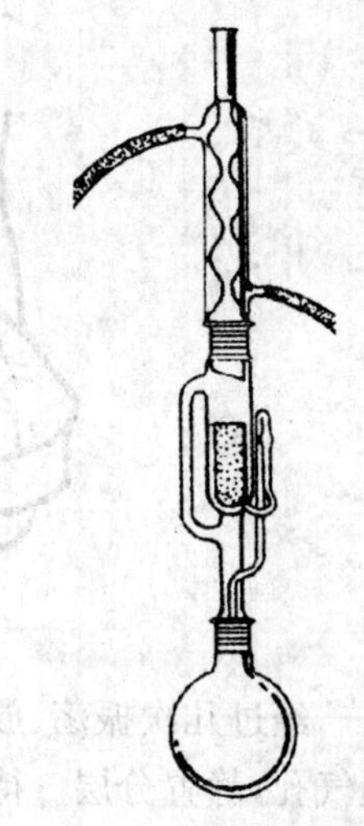

图 2.15 索氏提取器

脂肪提取器利用溶剂回流和虹吸原理,使固体物质每一次都能被纯的溶剂所萃取,因而效率较高。为增加液体浸溶的面积,萃取前应先将物质研细,用滤纸套包好置于提取器中,提取器下端接盛有萃取剂的烧瓶,上端接冷凝管,当溶剂沸腾时,冷凝下来的溶剂滴入提取器中,待液面超过虹吸管上端后,即虹吸流回烧瓶,因而萃取出溶于溶剂的部分物质。就这样利用溶剂回流和虹吸作用,使固体中的可溶物质富集到烧瓶中,提取液浓缩后,将所得固体进一步提纯。

二、萃取操作

下面主要介绍液-液萃取的操作方法。

液-液萃取的主要仪器是分液漏斗①。萃取时选用的分液漏斗的体积应大于待萃取溶液体积的两倍以上,使用前将漏斗洗净后,在漏斗旋塞上涂一薄层凡士林(注意不要把凡士林涂在旋塞孔中,以免堵塞),塞回旋塞并同向旋转数圈,使凡士林涂布均匀。加入适量水,振荡,检查漏斗是否漏水。

将待萃取的溶液和溶剂依次加入分液漏斗中,塞紧顶部旋塞,按图 2.16 所示拿好漏斗振荡:右手掌顶住顶塞,手指握住分液漏斗颈部;左手握住旋塞部位,拇指、食指按住旋塞柄,把尾管夹在食指、中指的指缝间,余下三个手指握住旋塞下部,把漏斗放平前后振荡。开始时,振荡要慢,振荡几次后,将漏斗上口向下倾斜,下部尾管指向斜上方(注意不要指向其他实验者),用拇指和食指旋开旋塞放气。如果不及时放气,振荡分液漏斗时,由于漏斗内压力超过大气压,塞子可能被顶开而出现喷液。

---

① 常用的分液漏斗有球形、锥形、梨形三种,在有机化学实验中分液漏斗主要应用于:

a. 分离两种分层而不起作用的液体;

b. 从溶液中萃取某种成分;

c. 用水或碱或酸洗涤某种产品;

d. 用来滴加某种试剂(即代替滴液漏斗)。

在使用分液漏斗前必须检查玻塞和活塞紧密否。如有漏水现象,应及时按下述方法处理:脱下活塞,用纸或干布擦净活塞及活塞孔道的内壁,然后,用玻璃棒蘸取少量凡士林,先在活塞近把手的一端抹上一层凡士林,注意不要抹在活塞的孔中,再在活塞两边也抹上一圈凡士林,再插上活塞,逆时针旋转至透明时,即可使用。

分液漏斗用后,应用水冲洗干净,玻塞用薄纸包裹后塞回去;另外,不要把塞上附有凡士林的分液漏斗放在烘箱内烘干。

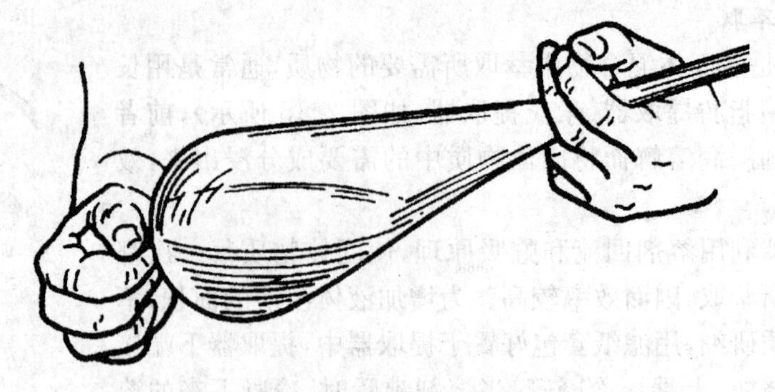

图 2.16　分液漏斗的振摇

经过几次振荡、放气后，把漏斗架在铁圈上，并把上口塞子上的小槽对准漏斗颈部的通气孔，静置分层。待两层液体完全分开后，打开上面塞子，再缓缓旋开下面旋塞，下层液体从下口旋塞处放出，上层液体从上口倒出，切不可也从下面旋塞处放出，以免下口旋塞处附着的残液污染上层液体(注意不能用手拿住分液漏斗进行分离液体)。

在萃取时，上下两层液体都应保留到实验完毕。否则，如果中间出现失误，便无法弥补。

思考题

1. 影响萃取法萃取效率的原因有哪些？

2. 使用分液漏斗的目的何在？使用分液漏斗时要注意哪些事项？

3. 两种不相溶解的液体同在分液漏斗中，请问，密度大的在哪一层？下一层的液体从哪里放出来？放出液体时为了不要流得太快，应该怎样操作呢？留在分液漏斗中的上层液体，应从何处放入另一容器中？

§2.11　容量仪器的校准

容量器皿的实际体积与其标出的体积并非完全相符。因此，在准确度要求较高的分析工作中，必须对容量仪器进行校准。

由于玻璃仪器具有热胀冷缩的特性，在不同温度下容量器皿的体积也不同，因此校准容量器皿时，必须规定一个共同的温度。这一规定温度称为标准温度。国际上规定，玻璃仪器的标准温度为 20℃，即校准时都将玻璃器皿校准到 20℃时的实际体积。容量仪器的校准方法一般有两种。

1. 相对校准。要求两种容器体积之间有一定的比例关系，常用相对校准的方法。

2. 绝对校准：测定容量仪器的实际体积。常用的标准方法为衡量法，又称称量法，即用天平称出容量器皿容纳或放出的水的质量，然后根据水的密度计算出容量器皿在标准温度下的实际体积。由质量算出体积时需注意三方面的问题：

(1)水的密度随温度的变化；

(2)温度对玻璃器皿容积涨缩的影响；

(3)在空气中称量时空气浮力的影响。

实际应用时，只要标出被校准的容量器皿容纳或放出纯水的质量，再除以该温度下水的密度，便是该温度下该容量器皿在20℃时的实际容积。

容量器皿是以20℃为标准校准的，但测量不一定是在20℃下，因此容量仪器的容积及溶液的体积都会发生变化，由于玻璃的膨胀系数很小，在温差不大的情况下，容量仪器的体积变化可以忽略，即影响测量结果的主要因素是溶液的密度。

§2.12　滴定分析基本操作

在滴定分析中常常要使用多种玻璃量器，其中，用于准确量度体积的有滴定管、移液管和容量瓶，通常称滴定分析实验的量具就是指这三种玻璃仪器。对体积量度的精密度要求不高时则可使用量筒和量杯等器皿。

滴定分析实验量具的使用有严格的要求，必须正确掌握使用这些仪器的规范操作方法。

一、移液管和吸量管

移液管和吸量管是用于准确移取一定体积溶液的玻璃量器。移液管是一根细长而中间膨大的玻璃管，在管的上端有一环形标线，膨大部分标有它的容积和标定时的温度。常用的移液管有1 mL，2 mL，5 mL，10 mL，25 mL和50 mL等规格。吸量管是具有分刻度的玻璃管，用于移取非固定量的溶液，一般只用于量取小体积的溶液。常用的吸量管有1 mL，2 mL，5 mL，10 mL等规格。

(一)洗涤

由于移液管和吸量管的口小、管细难以用刷子刷洗，且容量准确，不宜用刷子摩擦内壁，常用铬酸洗液洗涤。吸取少量洗液，将移液管平端，轻轻转动，使管壁全部被洗液湿润，转动一会儿后将洗液倒回原洗液瓶内，再用自来水清洗，最后用蒸馏水洗三次。

(二)润洗

用移液管或吸量管吸取溶液之前，必须用少量的待移取的溶液荡洗内壁三次，以保证溶液吸取后的浓度不变。吸入少量溶液，立即用右手食指按住管口(不要使溶液回流，以免稀释)，将移液管横过来，用两手的拇指及食指分别拿住移液管的两侧，转动移液管并使溶液布满全管内壁，当溶液流至距上管口2～3 cm时，将管直立，使溶液由尖嘴放出，弃去。

(三)移取溶液

用移液管或吸量管自容量瓶中移取溶液的操作如图2.17所示，右手的拇指及中指拿住瓶颈标线以上的地方，管尖插入溶液中，不能插入太深或太浅，太深会使管外黏附溶液过多，太浅会在液面下降时吸空。左手拿洗耳球，排除空气后紧按在移液管口上，慢慢松开手指使溶液吸入管内。当溶液上升至标线以上时，迅速用右手食指紧按管口，将移液管提离液面，然后使管尖端靠着容量瓶的内壁，左手拿容量瓶，并使其倾斜30°。略微放松食指并用拇指和中指轻轻转动管身，使液面平稳下降，直到溶液的弯月面与标线相切时，按紧食指。取出移液管，把准备承接溶液的容器稍倾斜，将移液管移入容器中，使管竖直，管尖靠着容器内壁，松开食指，使溶液沿器壁自由地流下，待下降的液面静止后，再等待15 s，取出移液管。管上未刻“吹”字的，切勿把残留在管尖内的溶液吹出，因为在校正移液管容积时，已经考虑了末端所保留溶液的体积。吸量管的使用与移液管类同，应避免使用尖端处的刻度。移液管和吸量管使用后，应洗净放在移液管架上。

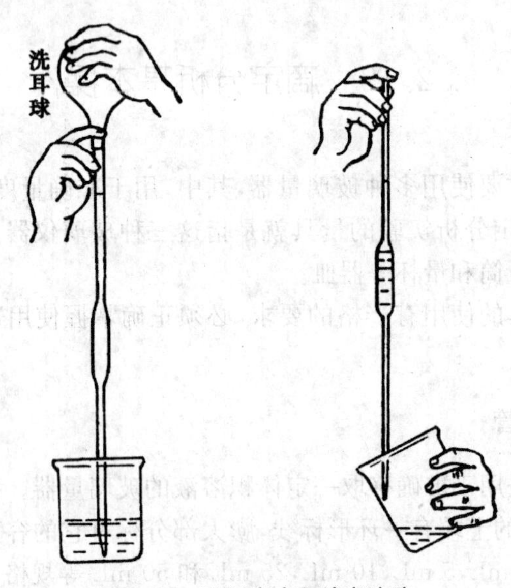

图2.17 吸取溶液和放出溶液

二、容量瓶

容量瓶的主要用途是配制准确浓度的溶液或定量地稀释溶液。形状是细颈梨形平底玻璃瓶，由无色或棕色玻璃制成，带有磨口玻璃塞或塑料塞，颈上有一标线，其容量定义为：在20℃时，充满至标线所容纳水的体积，以毫升计。常用容量瓶有5 mL，10 mL，25 mL，50 mL，100 mL，250 mL，500 mL，1 000 mL，2 000 mL等规格。

(一)洗涤

由于容量瓶是容量准确的玻璃仪器，不宜用刷子摩擦内壁，常用铬酸洗液洗涤。用铬酸洗液浸泡内壁5～10 min后，将洗液倒回原洗液瓶内，再用自来水清洗，最后用蒸馏水洗三次。

(二)检漏

容量瓶使用前，必须检查是否漏水。检漏时，在瓶中加水至标线附近，盖好瓶塞，用左手食指按住塞子，其余手指拿住瓶颈标线以上部分，右手用指尖托住瓶底，将瓶倒立2 min，如不漏水，将瓶直立，转动瓶塞180°后，再倒立2 min检查，如不漏水，即可使用(如图2.18所示)。用橡皮筋将塞子系在瓶颈上，防止玻璃磨口塞玷污或错乱。

(三)转移溶液

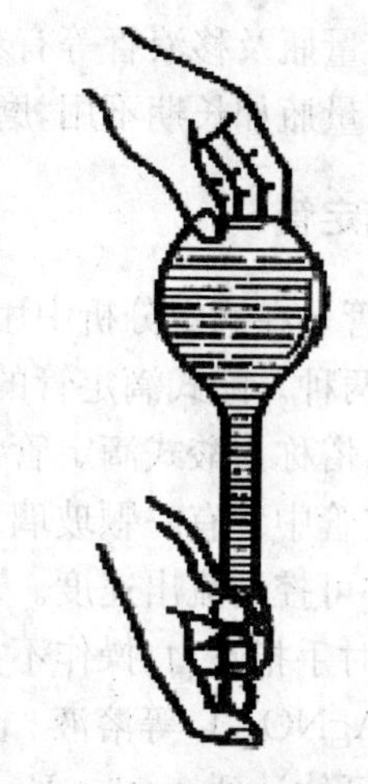

图 2.18　检查容量瓶是否漏液

欲将固体物质(基准试剂或被测样品)准确配成一定体积的溶液时,需先把准确称量的固体物质置于一小烧杯,加水或其他溶剂,用玻璃棒搅拌或微热至全部溶解,然后定量转移至洁净的容量瓶中。转移时,左手持小烧杯,右手持玻璃棒将其从小烧杯中慢慢取出,并将它插入瓶口(但不要与瓶口接触),玻璃棒的下端靠在瓶颈内壁上,让烧杯嘴紧贴玻璃棒,慢慢倾斜烧杯,使溶液沿玻璃棒流下。当溶液流完后,在烧杯仍紧贴玻璃棒的情况下慢慢将烧杯直立,使烧杯和玻璃棒之间附着的液滴流回烧杯中,再将玻璃棒末端残留的液滴靠入瓶内。在瓶口上方将玻璃棒放回烧杯内,但不得使玻璃棒靠在烧杯嘴一边。用少量蒸馏水冲洗烧杯3～4次,洗涤液按上法全部转移至容量瓶中,如图2.19所示。

(四)定容,摇匀

将溶液定量转移至容量瓶中,然后用蒸馏水稀释,稀释到容量瓶容积的2/3时,直立旋摇容量瓶,使溶液初步混合(此时切勿盖塞倒立容量瓶),继续稀释到接近标线时,等待1～2 min使附在瓶颈内壁的溶液流下后,用滴管滴加蒸馏水至弯月面下缘与标线恰好相切。盖上瓶塞,左手捏住瓶颈上端,食指压住瓶塞,右手三指尖托住瓶底,将瓶倒立,待气泡上升到顶部后,再倒转过来,如此反复多次,使溶液充分混匀,如图2.20所示。

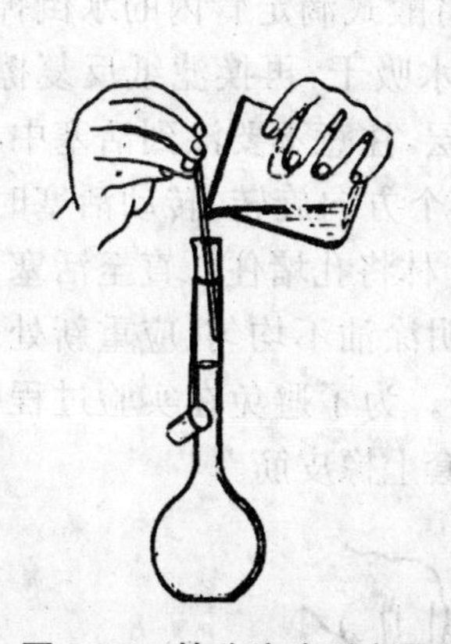

图 2.19　转移溶液到容量瓶中

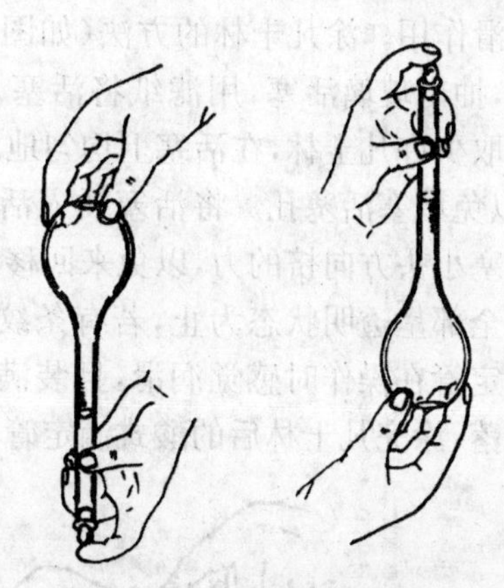

图 2.20　容量瓶的翻动

用容量瓶稀释溶液时,则用移液管移取一定体积的溶液,置于容量瓶中,加水至标线,摇匀。

使用容量瓶还应该注意以下几点:

(1)热溶液应冷却至室温后,才能转移至容量瓶中,否则会造成体积误差。

(2)需避光的溶液应以棕色容量瓶配制。容量瓶不宜长期存放溶液,应转移到磨口试剂瓶中保存。

(3)容量瓶及移液管等有刻度的精确玻璃量器，均不宜放在烘箱中烘烤。

(4)容量瓶如长期不用，磨口处应洗净擦干，并用纸片将磨口与瓶塞隔开。

三、滴定管

滴定管是在滴定分析中用于准确测量溶液体积的一类玻璃量器。滴定管一般分成酸式和碱式两种。酸式滴定管的刻度管和下端的尖嘴玻璃管通过玻璃活塞相连，不能长期盛放碱液，俗称为酸式滴定管。碱式滴定管的刻度管和下端的尖嘴玻璃管通过橡皮管相连，在橡皮管中装有一颗玻璃珠，用手指捏玻璃珠周围的橡皮时会形成一条狭缝，溶液即可流出，并可控制流出速度。玻璃珠的大小要合适，过小会漏液或使用时上下滑动，过大则在放液时手指吃力，操作不方便。碱式滴定管不能盛放对乳胶管有腐蚀作用的溶液，如 $KMnO_4$，$AgNO_3$，I_2 等溶液。常量分析的滴定管容积有 50 mL 和 25 mL，最小刻度为 0.1 mL，读数可估计到 0.01 mL。

(一)洗涤

通常，滴定管可以用自来水、管刷蘸肥皂水或洗涤剂洗刷，避免使用去污粉。洗刷完毕，先用自来水冲洗干净，再用蒸馏水润洗。如有油污，酸式滴定管可直接在管中加入洗液浸泡，而碱式滴定管则要先去掉橡皮管，接上一小段塞有短玻璃棒的橡皮管，然后再用洗液浸泡。洗干净的滴定管内壁应该均匀地润上一薄层水，若管壁上还挂有水珠，说明未洗净，必须重洗。

(二)酸式滴定管的涂油

使用酸式滴定管时，如果活塞转动不灵活或漏液，必须在玻璃活塞处涂凡士林以起到密封和润滑作用。涂凡士林的方法(如图 2.21 所示)：将酸式滴定管内的水倒掉，平放在实验台上，抽出玻璃活塞，用滤纸将活塞及活塞套内的水吸干，再换滤纸反复擦拭干净。用手指蘸取少许凡士林，在活塞上均匀地涂上薄薄的一层，注意不要涂到活塞中心孔的上下两侧，以免堵塞活塞孔。将活塞插入活塞套内向着一个方向旋转，转动活塞时，应有一定的向活塞小头方向挤的力，以免来回移动活塞，使凡士林将孔堵住。直至活塞与活塞套接触部位全部呈透明状态为止，若有条纹样出现，则说明涂油不均匀，应重新处理。涂油合格的滴定管在操作时感觉润滑，且装满溶液时不漏液。为了避免在实验过程中活塞被碰松动脱落，涂完凡士林后的酸式滴定管应在活塞部位套上橡皮筋。

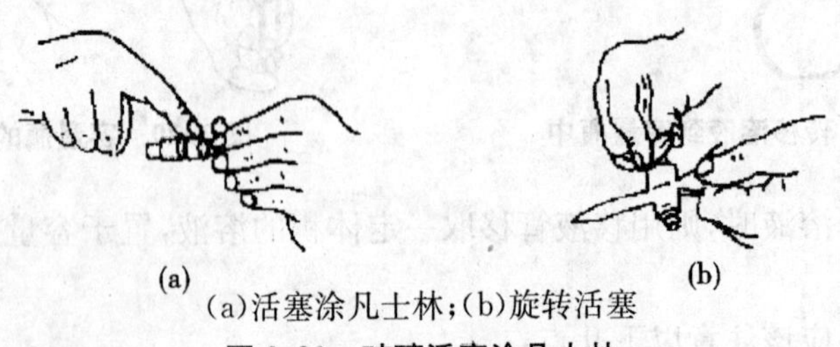

(a)活塞涂凡士林；(b)旋转活塞

图 2.21　玻璃活塞涂凡士林

(三)检漏

检查滴定管是否漏水时，可以在滴定管内充水至最高标线，垂直悬挂在滴定台上，10

min后观察活塞边缘及管口是否渗水；将活塞旋转180°，10 min后再观察一次，若前后两次均无水渗出，活塞转动也灵活，即可使用。否则应将活塞取出，重新涂凡士林后再使用。

碱式滴定管装满溶液后也不应滴液或渗液，若发现滴液或渗液，可能是因为橡皮管老化无弹性，换一条橡皮管即可；也可能是玻璃珠的大小与橡皮管不配套，可换一颗合适的玻璃珠。

（四）装入操作溶液及排气泡

装入操作溶液前，先用蒸馏水荡洗滴定管三次，每次约10 mL。荡洗时，两手平端滴定管，慢慢旋转，使水遍及全管内壁，然后从下端放出。再用操作溶液将滴定管荡洗三次，首先将操作溶液摇匀，使凝结在瓶壁上的水珠混入溶液，混匀后的操作溶液应直接倒入滴定管中，不可借助于漏斗、烧杯等容器来转移。用该溶液润洗滴定管2～3次，每次10～15 mL，荡洗方法与用蒸馏水荡洗完全相同，荡洗液从下口放出，弃去。

荡洗完毕，装入操作溶液至零刻度以上，检查活塞附近（或橡皮管内）有无气泡。如有气泡，应将其排出。排出气泡时，对于酸式滴定管，可用右手持滴定管上部无刻度处，左手迅速打开活塞，使液体以最快的流速冲出，反复数次，即可达到排除气泡的目的。对于碱式滴定管，可用右手持滴定管，并使它倾斜约30°，左手将橡皮管向上弯曲，捏住玻璃珠的右上方，使溶液从管口喷出，气泡即可随溶液排出（如图2.22所示）。

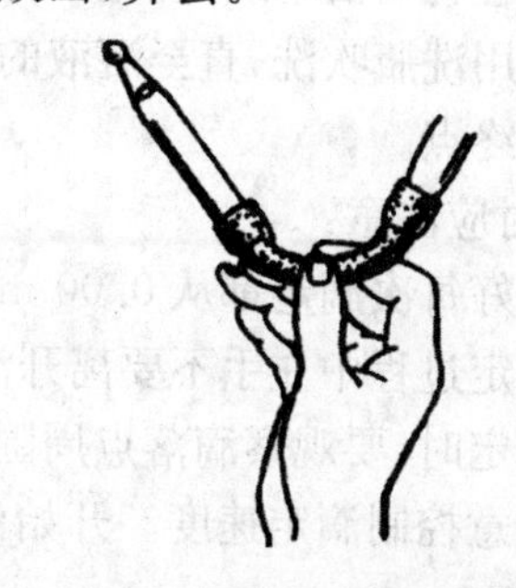

图2.22　碱式滴定管赶气泡的方法

（五）滴定操作

滴定操作如图2.23所示。使用酸式滴定管时，左手握滴定管，无名指和小指向手心弯曲，轻轻贴着出口部分，其他三个手指控制活塞，手心内凹，以免触动活塞而造成漏液。使用碱式滴定管时，左手握滴定管，拇指和食指指尖捏挤玻璃珠右上角一侧的胶管，使胶管与玻璃珠之间形成一个小缝隙，溶液即可流出。注意不要捏挤玻璃珠下部胶管，以免空气进入而形成气泡，影响读数的准确性。

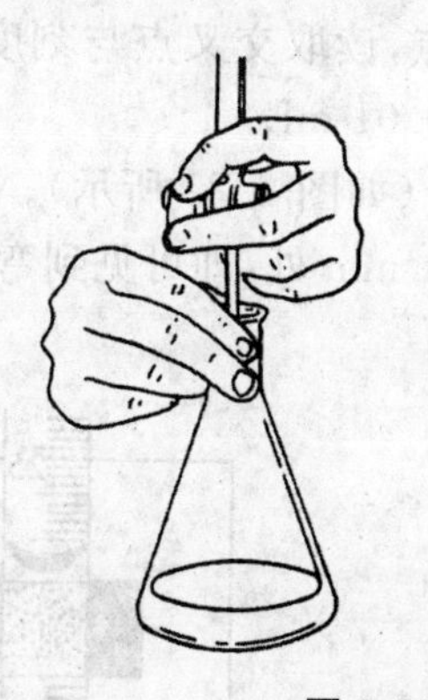

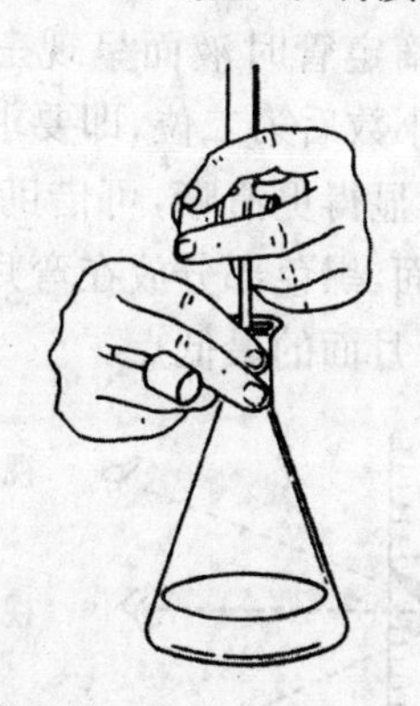

图2.23　滴定操作手法

滴定操作通常在锥形瓶内进行。滴定时，用右手拇指、食指和中指拿住锥形瓶（使用碘量瓶滴定时，要把玻璃塞夹在右手的中指和无名指之间)，其余两指辅助在下侧，使瓶底距离滴定台 2～3 cm，滴定管下端伸入瓶口内约 1 cm，左手握滴定管，边滴加溶液，边用右手摇动锥形瓶，使滴下去的溶液尽快混匀。摇瓶时，应轻轻旋动腕关节，使溶液在瓶中向同一方向旋转。

有些样品宜于在烧杯中滴定，可将烧杯放在滴定台上，滴定管尖嘴伸入烧杯口内约 1 cm，不可靠壁，左手滴加溶液，右手拿玻璃棒搅拌溶液。玻璃棒做圆周搅动，不要碰到烧杯壁和底部。滴定接近终点时所加的半滴溶液可用玻璃棒下端轻轻沾下，再浸入溶液中搅拌。注意玻璃棒不要接触管尖。

无论用哪种滴定管都必须掌握加液速度，即开始时连续滴加，一般每分钟 10 mL 左右，接近终点时改为逐滴加入，即每加一滴就摇几下，最后应半滴半滴地加入。使用半滴溶液时，轻轻转动活塞或捏挤胶管，使溶液悬挂在出口管嘴上，形成半滴，用锥形瓶内壁将其沾落，再用洗瓶吹洗，直至溶液的颜色刚从一种颜色变为另一种颜色，并在 1～2 min 内不变，即为终点。

滴定时应注意：

(1)最好每次滴定都从 0.00 mL 开始，这样可减少滴定误差。

(2)滴定过程中左手不要离开活塞而任溶液自流。

(3)滴定时，要观察滴落点周围溶液颜色的变化，不要去看滴定管液面读数的变化。

(4)注意控制滴定速度。开始滴定时，速度可以稍快，但也应是“滴加”而不是滴成一条“水线”。

(六)读数

读数时将滴定管从滴定管架上取下，用右手拇指和食指捏住滴定管上部无刻度处，使滴定管保持竖直，然后再读数。读数应读至小数点后第二位，为了减少读数误差，应注意：

(1)注入或放出溶液后需静置 1 min，使附着在内壁上的溶液流下来再读数。

(2)视线应与液面处于同一水平线上(如图 2.24 所示)，对于无色或浅色溶液，视线应与弯月面下缘实线的最低点相切，即读取与弯月面相切的刻度，而对于弯月面看不清楚的深色溶液，视线应与液面两侧的最高点相切，即读取视线与液面两侧的最高点呈水平处的刻度。使用“蓝带”滴定管时液面呈现三角交叉点，读取交叉点与刻度相交之点的读数。读数必须读到毫升小数后第二位，即要求估计到 0.01 mL。

(3)为使弯月面显得更清晰，可借助于读数卡(如图 2.25 所示)。将黑白两色的卡片紧贴在滴定管的后面，黑色部分放在弯月面下约 1 mm 处，即可见到弯月面的最下缘映成的黑色，读取黑色弯月面的最低点。

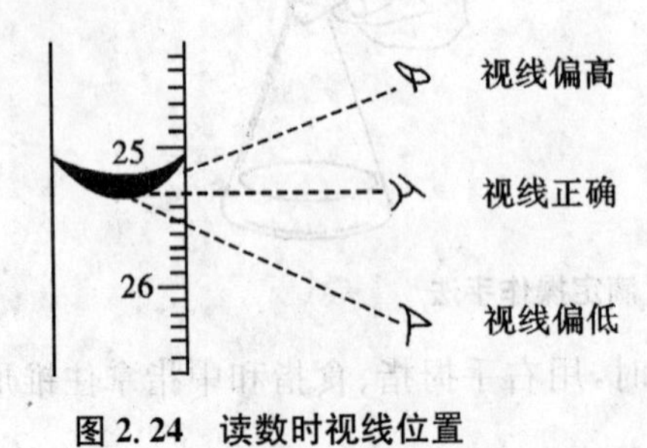

图 2.24　读数时视线位置

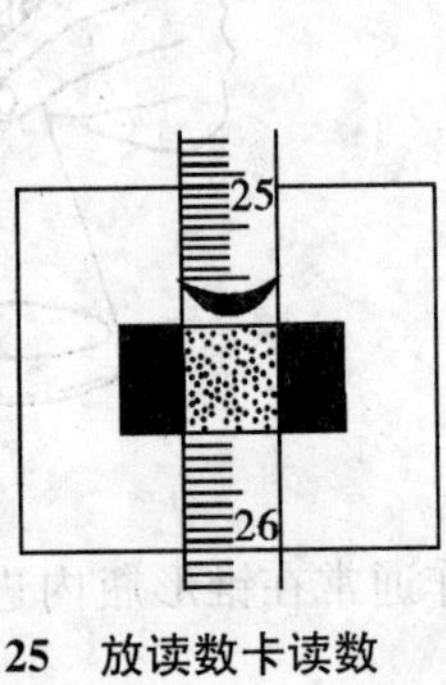

图 2.25　放读数卡读数

实验完毕后，将滴定管中剩余溶液倒出，洗净后装满水，再罩上滴定管盖备用。

§2.13　分析天平的使用

分析天平是指称量精度为0.000 1 g的天平。分析天平是精密仪器，使用时要认真、仔细，按照天平的使用规则操作，做到准确快速完成称量而又不损坏天平。常用分析天平有电光分析天平和电子天平。

一、电光分析天平

(一)原理

双盘电光分析天平是根据杠杆原理制成的。天平梁是一等臂杠杆AOB，O为支点，A和B为力点。

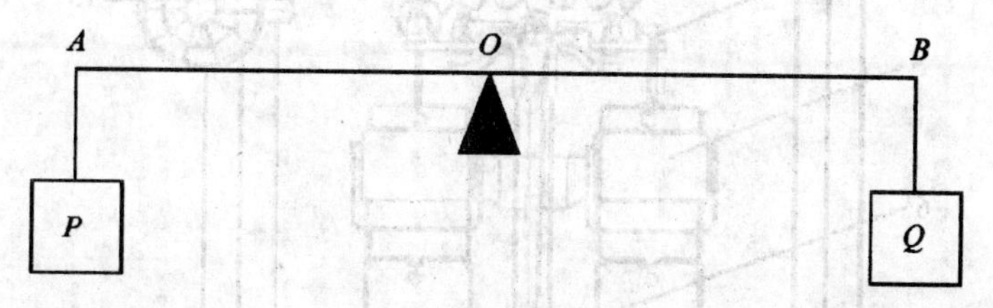

设被称量的物体重量为W_1，质量为P；砝码的重量为W_2，质量为Q；梁的OA臂长为L_1，OB臂长为L_2；重力加速度为g。将被称量的物体和砝码分别放置在A、B两力点上，达到平衡时，支点两边的力矩相等，即$W_1 L_1 = W_2 L_2$。等臂天平的$L_1 = L_2$，所以$W_1 = W_2$。又因$W_1 = Pg$，$W_2 = Qg$，故$P = Q$，即被称量物体的质量等于砝码的质量，在定量分析中，通常所说用天平称量物体的重量，实际上是测得该物体的质量。

(二)结构

电光分析天平有全机械加码和半机械加码两种。所有砝码全部通过机械加码器加减的电光天平称为全自动电光天平。而1 g以下的砝码是通过机械加码器加减的电光天平称为半自动电光天平。两种天平除加码装置外其他基本结构相似。现以常见的TG328B型电光分析天平(如图2.26所示)为例来说明。

1.天平梁。天平梁是用特殊的铝合金制成的。梁上装有三个三棱柱形的玛瑙刀口。中间有一个支点刀，刀口向下，由固定在支柱上的玛瑙刀承(即玛瑙平板)所支承。左、右两边各有一个承重刀，刀口向上，在刀口上方各悬有一个嵌有玛瑙刀承的吊耳。这三个刀口的棱边应互相平行并在同一水平面上，同时要求两承重刀口到支点刀口的距离(即天平臂长)相等。

三个刀口的锋利程度对天平的灵敏度有很大影响。刀口越锋利，和刀口相接触的刀承越平滑，它们之间的摩擦越小，天平的灵敏度也就越高。长期使用后，由于摩擦，刀口逐渐变钝，灵敏度就逐渐降低。因此，要保持天平的灵敏度应注意保护刀口的锋利，尽量减少刀口的磨损。

2.升降枢。使用天平时逆时针转动升降枢，天平梁微微下降，刀口和刀承互相接触，天平开始摆动，称为"启动"天平。此时，如果天平受到振动或碰撞，刀口特别容易损坏。"休止"天平时，顺时针转动升降枢，把天平梁托住，此时，刀口和刀承间有小缝隙，不再接触，可以避免磨损。为了减少刀口和刀承的磨损，切不可触动未休止的天平。无论启动或休止天平均应轻轻地、缓缓地转动升降枢，以保护天平。

3. 指针和投影屏。指针固定在天平梁的中央。启动天平时，天平梁和指针开始摆动。指针下端装有微分标尺，通过一套光学读数装置，使微分标尺上的刻度放大，再反射到投影屏上读出天平的平衡位置。屏上显示的标尺，中间为零，左负右正。标尺上的刻度直接表示重量。通过调节天平的灵敏度使标尺上的每一格相当于 0.1 mg，10 格相当于 1 mg。屏上有一条固定刻线，微分标尺的投影与刻线重合处即为天平的平衡位置。

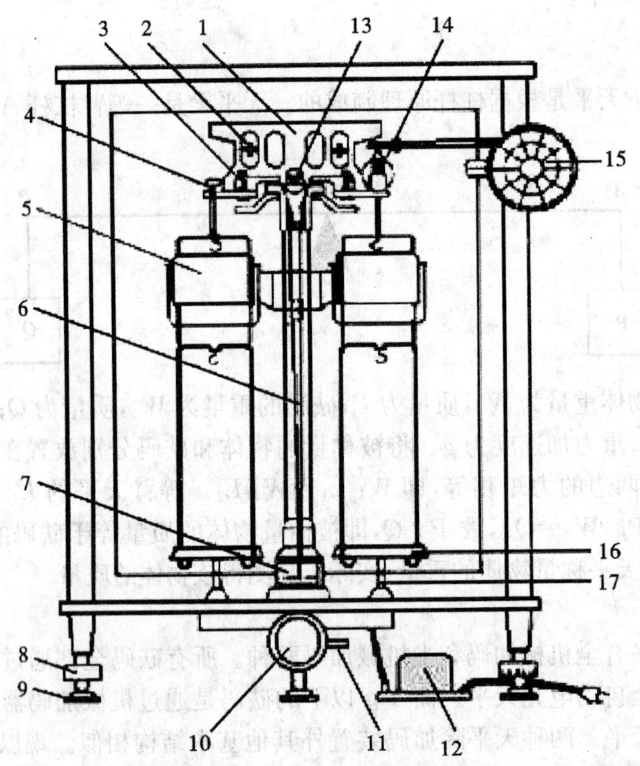

1—横梁；2—平衡螺丝；3—支柱；4—蹬；5—阻尼器；6—指针；7—投影屏；
8—螺旋足；9—垫脚；10—升降枢；11—调屏拉杆；12—变压器；13—刀口
14—圈码；15—圈码指数盘；16—秤盘；17—盘托

图 2.26 TG328B 电光分析天平

4. 空气阻尼器。空气阻尼器是由两个大小不同的圆筒组成，大的外筒固定在天平支柱的托架上，小的内筒则挂在吊耳的挂钩上。两个圆筒间有一定缝隙。缝隙要保持均匀，使天平摆动时内筒能自由上下浮动。称量时，阻尼器的内筒上下浮动，由于筒内空气阻力的作用，使天平较快地停止摆动，缩短了称量时间。

5. 秤盘（或称天平盘）天平左右各有一个秤盘挂在吊耳的挂钩上。称量时左盘放被称量的物体，右盘放砝码。

6. 天平箱。为了保护天平，防止灰尘，湿气或有害气体的侵入，并使称量时减少外界的影响，如温度变化、空气流动和人的呼吸等，分析天平都安装在镶有玻璃的天平箱内。天平箱的前面有一个可以向上开启的门，供装配、调整和修理天平时用，称量时不准打开。两侧各有一个玻璃门，供取、放称量物和砝码用，但是在读取天平的零点，停点时，两侧推门必须关好。

7.水平泡。水平泡位于天平立柱上，用来检查天平的水平位置。天平箱下装有三只脚、脚下有脚垫。后面一只固定不动，前面两只装有可以调节高低的升降螺丝，用它来调节天平的水平位置。

8.砝码和环码。每台半自动天平都附有一盒砝码。砝码按一定顺序放置在砝码盒内，初学者要注意砝码的组合方法及其在盒内的位置。

砝码的质量单位为克。名义值相同的砝码（如两个 10 g 砝码或三个 1 g 砝码）的重量有微小的差别。在这些砝码上刻有一个或两个小“点”作为标记，以示区别。它们也按一定顺序放在盒中。为了尽量减少称量误差，同一个试样分析中的几次称量，应尽可能使用同一个砝码。

圈码是 1 g 以下的“砝码”，采用一定重量的金属丝做成环形，称为圈码或环码。它们按照一定的顺序放在天平梁右侧的加码钩上。称量时用机械加码器来加减圈码。当机械加码器上的读数为“000”时，所有的圈码都未加到梁上。转动机械加码器内圈或外圈的旋纽，就可以加减圈码的重量。外圈为 100～900 mg 的组合，内圈为 10～90 mg 的组合。需要注意的是加减圈码时要轻轻地、一挡一挡地转动机械加码器的旋钮。

（三）使用方法

电光分析天平的使用方法如下。

1.称量前的检查与准备。拿下防尘罩，叠平后放在天平箱上方。检查天平是否正常，天平是否水平，秤盘是否洁净，圈码指数盘是否在“000”位，圈码有无脱位，吊耳有无脱落、移位等。

检查和调整天平的空盘零点。用平衡螺丝（粗调）和投影屏调节杠（细调）调节天平零点。

2.称量。当要求快速称量，或怀疑被称物可能超过最大载荷时，可用托盘天平（台秤）粗称。将待称量物置于天平左盘的中央，关上天平左门。按照“由大到小，中间截取，逐级试重”的原则在右盘加减砝码。试重时应半开天平，观察指针偏移方向或标尺投影移动方向，以判断左右两盘的轻重和所加砝码是否合适及如何调整。注意：指针总是偏向质量轻的盘，标尺投影总是向质量重的盘方向移动。先确定克以上砝码（应用镊子取放），关上天平右门。再依次调整百毫克组和十毫克组圈码，每次都从中间量（500 mg 和 50 mg）开始调节。确定十毫克组圈码后，再完全开启天平，准备读数。

3.读数。砝码确定后，全开天平旋钮，待标尺停稳后即可读数。称量物的质量等于砝码总量加标尺读数（均以克计）。标尺读数在 9～10 mg 时，可再加 10 mg 圈码，从屏上读取标尺负值，记录时将此读数从砝码总量中减去。

4.复原。称量数据记录完毕，即应关闭天平，取出被称量物质，用镊子将砝码放回砝码盒内，圈码指数盘退回到“000”位，关闭两侧门，盖上防尘罩，并在天平使用登记本上登记。

（四）注意事项

1. 开、关天平旋钮，放、取被称量物，开、关天平侧门以及加、减砝码等，动作都要轻、缓，切不可用力过猛、过快，以免造成天平部件脱位或损坏。

2. 调节零点和读取称量读数时，要留意天平侧门是否已关好；称量读数要立即记录在实验报告本或实验记录本上。调节零点和称量读数后，应随手关好天平。加、减砝码或放、取称量物必须在天平处于关闭状态下进行（单盘天平允许在半开状态下调整砝码）。砝码未调定时不可完全开启天平。

3. 热的或冷的称量物应置于干燥器内，直至其温度同天平室温度一致后才能进行称量。

4. 天平的前门仅供安装、检修和清洁时使用，通常不要打开。

5. 在天平箱内放置变色硅胶做干燥剂，当变色硅胶变红后应及时更换。

6. 必须使用指定的天平及天平所附的砝码。如果发现天平不正常，应及时报告指导教师或实验室工作人员，不要自行处理。

7. 注意保持天平、天平台、天平室的安全、整洁和干燥。

8. 天平箱内不可有任何遗落的药品，如有遗落的药品可用毛刷及时清理干净。

9. 用完天平后，罩好天平罩，切断天平的电源。最后在天平使用记录本上登记，并请指导教师签字。

二、电子天平

电子天平是最新一代的天平（如图 2.27 所示），是根据电磁力平衡原理，直接称量，全量程不需砝码。放上称量物后，在几秒钟内即达到平衡，显示读数，称量速度快，精度高，还具有自动校正、自动去皮、超载指示、故障报警等功能以及具有质量电信号输出功能，且可与打印机、计算机联用，进一步扩展其功能，如统计称量的最大值、最小值、平均值及标准偏差等，同时其质量轻、体积小、操作十分简便，称量速度也很快。

电子天平按结构可分为上皿式和下皿式两种。秤盘在支架上面为上皿式，秤盘吊挂在支架下面为下皿式。目前，广泛使用的是上皿式电子天平。尽管电子天平种类繁多，但其使用方法大同小异，具体操作可参看仪器的使用说明书。下面以上海天平仪器厂生产的 FA1604 型电子天平为例，简要介绍电子天平的使用方法。

（一）水平调节

无论哪一种天平，都必须使天平处于水平状态才可以进行称量。观察水平仪，如水平仪内空气泡偏移，说明天平未处于水平状态，需调整水平调节脚，使水平仪内空气泡位于圆环中央。

（二）预热

接通电源，预热至规定时间后，开启显示器进行操作。

（三）开启显示器

轻按 ON 键，显示器全亮，约 2 s 后，显示天平的型号，然后是称量模式 0.000 0 g。

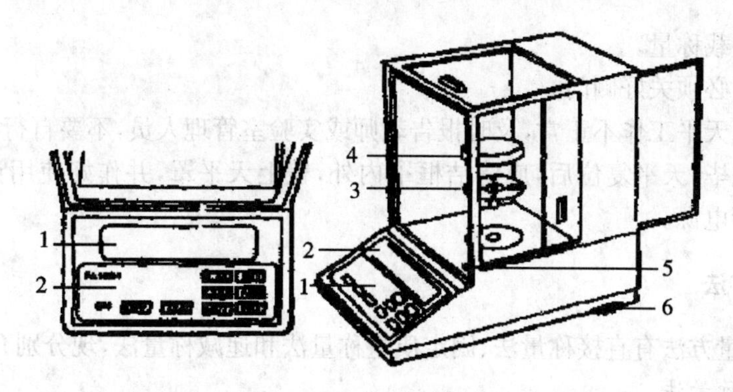

1—键盘(控制板);2—显示器;3—盘托;4—称盘;5—水平仪;6—水平调节脚

图 2.27　电子天平外形图

(四)天平基本模式的选定

天平通常为"通常情况"模式,并具有断电记忆功能。使用时若改为其他模式,使用后一经按 OFF 键,天平即恢复通常情况模式。称量单位的设置等可按说明书进行操作。

(五)校准

天平安装后,第一次使用前,应对天平进行校准。因存放时间较长、位置移动、环境变化或未获得精确测量,天平在使用前一般都应进行校准操作。按 CAL 键,天平将显示所需校正砝码的质量(如 100 g),放上 100 g 标准砝码,直至天平显示"100.0 g"。校正完毕,取下标准砝码。

(六)称量

按 TAR 键,显示为零后,置称量物于秤盘上,关上天平门。待数字稳定即显示器左下角的"0"标志消失后,即可读出称量物的质量。

(七)去皮称量

按 TAR 键清零,置容器于秤盘上,关上天平门,天平显示容器质量,再按 TAR 键,显示零,即去除皮重。再置称量物于容器中,或将称量物(粉末状物或液体)逐步加入容器中直至达到所需质量,待显示器左下角"0"消失,这时显示的是称量物的净质量。将秤盘上的所有物品拿开后,天平显示负值,按 TAR 键,天平显示"0.000 0 g"。若称量过程中秤盘上的总质量超过最大载荷时,天平仅显示上部线段,此时应立即减小载荷。

(八)称量结束

称量完毕,记下数据后将称量物取出,天平自动回零。若较短时间内还使用天平(或其他人还使用天平)一般不用按 OFF 键关闭显示器。实验全部结束后,关闭显示器,切断电源。若短时间内(如 2 h 内)还使用天平,可不必切断电源,再用时可省去预热时间。若当天不再使用天平,应拔下电源插头。

电子天平的使用规则如下:

(1)称量前检查天平是否水平,框罩内外是否清洁。

(2)天平的上门仅在检修时使用,不得随意打开。

(3)开关天平两边侧门时动作要轻缓。

(4)称量物的温度必须与天平温度相同,腐蚀性的物质必须放在密闭容器内称量。

(5)不得超载称量。

(6)读数时必须关好侧门。

(7)如发现天平工作不正常,及时报告教师或实验室管理人员,不要自行处理。

(8)称量完毕,天平复位后,应清洁框罩内外,盖上天平罩,并作好使用记录。长时间不用时,应切断电源。

三、称量方法

常用的称量方法有直接称量法、固定质量称量法和递减称量法,现分别介绍如下。

(一)直接称量法

此法是将称量物直接放在天平盘上称量物体的质量。例如,称量小烧杯的质量,容量器皿校正中称量某容量瓶的质量,重量分析实验中称量某坩埚的质量等,都使用这种称量法。

(二)固定质量称量法

此法又称增量法,用于称量某一固定质量的试剂(如基准物质)或试样。这种称量操作的速度很慢,适于称量不易吸潮、在空气中能稳定存在的粉末状或小颗粒(最小颗粒应小于 0.1 mg,以便容易调节其质量)的样品。

固定质量称量法如图 2.28 所示。将自备的称量容器(如表面皿)置于天平左盘,右盘放置相当于容器和欲称试样总质量的砝码。左手持药匙盛试样后小心地伸向表面皿的近上方,以手指轻击匙柄,将试样弹入,半开天平试其加入量。直至所加试样量与预定量之差小于微分标牌的标度范围,便可以开启天平,极其小心地以左手拇指、中指及掌心拿稳药匙,以食指摩擦匙柄,让匙里的试样以近可能少的量慢慢抖入表面皿。这时,既要注意试样的抖入量,也要注意微分标牌的读数。当微分标牌正好移动到所需要的刻度时,立即停止抖入试样。在此过程中,右手不要离开天平的开关旋钮,以便及时开关天平,若不慎多加了试样,应将天平关闭,再用药匙取出多余的试样(不要放回原试剂瓶中)。称好后,用干净的小纸片衬垫取出表面皿,将试样全部转移到接受的容器内。试样若为可溶性盐类,可用少量蒸馏水将沾在表面皿上的粉末吹洗进容器。

在进行以上操作时,应特别注意:试样绝不能失落在秤盘上和天平箱内;称好的试样必须定量地由称量器皿转移到接受容器内;称量完毕后,要仔细检查是否有试样失落在天平箱内外,必要时须加以清除。

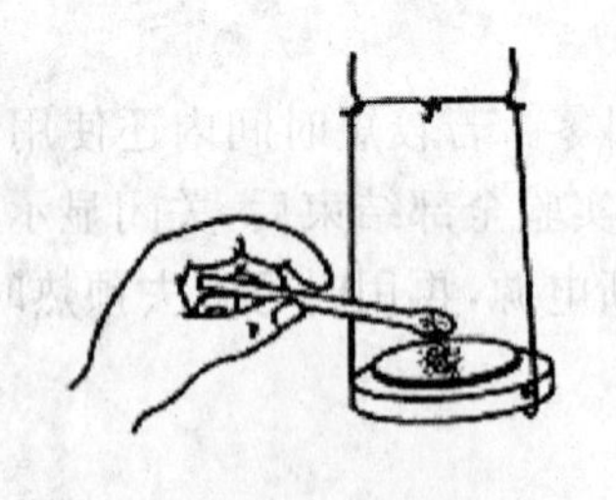

固定质量称量法

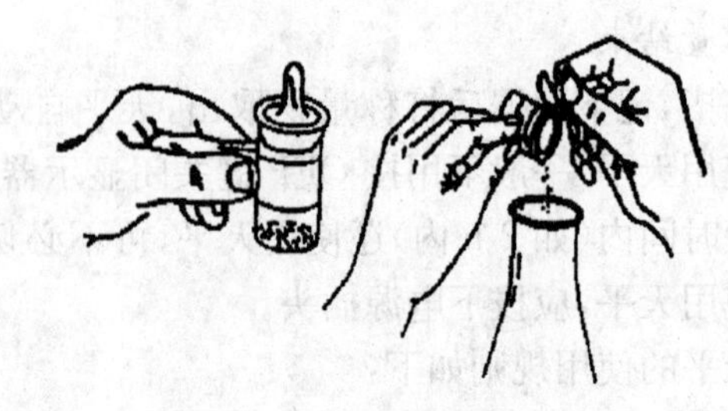

递减称量法

图 2.28 称量方法

(三)递减称量法

该法又称减量法,此法用于称量一定质量范围的样品或试剂。在称量过程中样品易吸水、易氧化或易与 CO_2 等反应时,可选择此法。由于称取试样的质量是由两次称量之差求得,故也称差减法。

称量步骤如下:从干燥器中用纸带(或纸片)夹住称量瓶后取出称量瓶(见图 2.28,注意:不要让手指直接触及称瓶和瓶盖),用纸片夹住称量瓶盖柄,打开瓶盖,用牛角匙加入适量试样(一般为称一份试样量的整数倍),盖上瓶盖。称出称量瓶加试样后的准确质量。将称量瓶从天平上取出,在接收容器的上方倾斜瓶身,用称量瓶盖轻敲瓶口上部使试样慢慢落入容器中,瓶盖始终不要离开接收器上方。当倾出的试样接近所需量(可从体积上估计或试重得知)时,一边继续用瓶盖轻敲瓶口,一边逐渐将瓶身竖直,使黏附在瓶口上的试样落回称量瓶,然后盖好瓶盖,准确称其质量。两次质量之差,即为试样的质量。按上述方法连续递减,可称量多份试样。有时一次很难得到合乎质量范围要求的试样,可重复上述称量操作1～2次。

四、分析天平的重要性能

(一)灵敏性

天平的灵敏性通常用灵敏度或感量来量度。天平的灵敏度是以载重改变 1 mg 引起天平指针偏移的格数来表示的,单位是格/毫克 。天平的感量又叫分度值,它是使天平平衡位置在微分标尺上产生一格变化所需改变载重的毫克数,感量的单位是毫克/格。

对于同一台天平,灵敏度与感量互为倒数关系,一般半自动分析天平的灵敏度为 10 格/毫克,其感量则为 0.1 毫克/格。

灵敏度是天平的重要性能指标。天平的灵敏度随载重的增加而降低。天平经长期使用后,载重时两臂轻微变形下垂,以致臂的实际长度减小,同时梁的重心下移,灵敏度也会有所降低。

(二)天平的准确性

天平的准确性是指天平的等臂性而言的。等臂天平的两臂应是等长的,但实际上稍有差别,因而影响称量的准确性,所产生的误差称为不等臂误差。

检查天平不等臂的步骤如下:

①将零点调节在 0.0。

②左右两秤盘各加最大载重的等重砝码,测其停点。如读数为 0.0,表示两臂等长;如读数为正,表示左臂偏长;如读数为负,则表示右臂偏长。

事实上,在一般的实验室中很难找到两个质量完全相等的等重砝码,因此检查天平不等臂时采用复称法(或称为换位称量法) 称量。将两个名义值相同的砝码,放在两秤盘中,测得停点(e_1) ,然后将左、右两秤盘中的砝码交换,测得停点(e_2) ,则天平的不等臂误差为:

$$\text{不等臂误差}=(e_1+e_2)/2$$

可以调整天平梁两端任一刀口的位置,使臂长相等(这必须由有经验的工作人员调整),减少不等臂误差。一般分析天平要求不等臂误差的绝对值不大于 0.4 mg 。

使用同一台天平进行几次称量，例如用称量瓶称取试样，不等臂误差大部分可以互相抵消。

§2.14　酸度计的使用

一、基本原理

用 pH 试纸测定溶液的 pH 值，虽然简单易行但不准确，而酸度计是一种能准确测量溶液 pH 值的仪器，一般最小分度 pH 值为 0.1，而且能测定各种溶液的 pH 值。

酸度计测定溶液 pH 值的原理是在待测溶液中插入两个电极，一个为指示电极，其电极电势随溶液的 pH 值而改变，另一个是参比电极，其电极电势在一定条件下是一定值。这两个电极构成一个电池。由于在一定条件下参比电极的电极电势具有固定值，所以该电池的电动势便决定于指示电极电势的大小，即决定于待测溶液的 pH 值的大小。当待测溶液的 pH 固定时。电池的电势就为一定值，而且通过酸度计内的电子仪器放大后，可以准确地测量出来。为了使用方便，酸度计是直接以 pH 值为标度的。

测量前，先用 pH 标准溶液来校准仪器上的标度（这一步骤由定位调节器来校准，因此也叫定位），使标度上所指示的值恰好为标准溶液的 pH 值；然后换上待测溶液，便可直接测得其 pH 值（这步操作叫测量）。为了提高测量的准确度，校正仪器标度所选的标准溶液的 pH 值，应与待测溶液的 pH 值相近。仪器上还装有温度补偿旋钮，使用时旋钮调节到与待测液的温度相同的标度，以消除温度对 pH 测量值的影响。

二、操作步骤

（一）雷磁 25 型酸度计的使用

安装电极：先把电极夹子固定在电极杆上。然后将玻璃电极和甘汞电极夹在电极夹上，指示电极也插入电极空内，并拧紧。参比电极夹在接线柱上。玻璃电极安装时，下端玻璃球泡必须比甘汞电极的陶瓷芯端稍高，以免碰坏玻璃球。甘汞电极在使用时应把上面以及下端的橡皮塞拔掉，以保持足够的液位压差，避免待测液进入电极内，不用时再塞好。

未接上电源前应检查电流指针是否指在零点（即 pH=7），如不在零点，可用电表上的机械调节旋钮调节。

接通电源。打开电源开关，预热 20 min 左右，使机器稳定。

用已知 pH 值的缓冲溶液进行校正：在一个小烧杯中注入适量的标准液，把两电极插入溶液中并使玻璃电极的球和甘汞电极的毛细管全部侵入溶液，轻摇烧杯，使电极与溶液均匀接触。将温度补偿旋钮旋到该溶液的温度上。把量程调到与待测溶液的 pH 值范围相应的档位，不用时应将开关调至“0”处，使电流短路。

（二）pHS-3C 型 pH 计的使用

1. 打开热源预热 20 min。

2. 拔去复合电极接口的保护端子，将复合电极插入复合电极接口，顺时针旋转 90°，使电极接触紧密。

如果不使用复合电极，则在电极接口处插上电极转换器的插头，将玻璃电极插头插入转换器插座处，甘汞电极插入参比电极接口。使用时应将上下两端的橡皮帽拔出，以保持液位压差。

3. 把选择开关调到 pH 档，显示屏显示 pH 值。

4. 调节温度补偿旋钮，使其对准缓冲溶液温度值。

5. 把清洗过的电极插入缓冲溶液（pH＝6.86）中，调节定位调节旋钮，使仪器显示读数与该温度下的缓冲溶液的 pH 值一致。

6. 用蒸馏水清洗电极，再用 pH＝4.00（或 9.18）的缓冲溶液调节斜率调节旋钮到 pH＝4.00（或 9.18），重复第 3，4 步，直至显示值与缓冲溶液的 pH 值一致。

7. 将电极洗净，插入待测液，搅拌，静置，等显示值稳定后，读数。

若待测溶液温度和缓冲溶液温度不一致，则应先将温度补偿旋钮调到待测液的温度，然后再测。

三、使用注意事项

1. 电极的插头、插座、其内芯保持清洁、干燥、不得污染。

2. 在使用玻璃电极或复合电极时，应避免电极的敏感膜与硬物接触，以防损坏电极。

3. 复合电极在使用前应置于 3.3 $mol \cdot L^{-1}$ 的 KCl 溶液中，浸泡 6 h 进行活化。

4. 电极禁止长时间浸在蒸馏水、蛋白质溶液或含有氟化物的溶液中。

5. 要保证缓冲溶液的可靠性，不能配错缓冲溶液。若缓冲溶液配制时间较长或霉变，则应重配。

6. 仪器经校正好，测试待测液时，定位调节旋钮和斜率调节旋钮不可再动，否则仪器线性破坏，影响测试精度。

§ 2.15　电导率仪的使用

一、工作原理

电导率仪是测量电解质溶液的电导率的仪器。电解质的电导除与电解质种类、溶液温度及浓度有关外，还与所用电极的面积 A、两极间距离有关。在电导率仪中，常用的电极有铂黑电极或铂光电极，对于某一给定的电极来说，l/A 为一常数，叫做电极常数，每一电导率仪的电极常数由厂家给出。

二、仪器使用

1. 测定前，打开电源，将 G_{25}/G_t 拨到 G_t 档，预热 20 min。按下校正按钮，调节校正旋钮至电导池常数。

2. 测定时，按下量程，将电极洗净，用吸水纸吸干电极上的水，插入待测溶液，用电极轻轻搅拌 1～2 min，待数显稳定后读数。

3. 测定结束，洗净电极放回原处，关闭电源。

三、使用注意事项

为了保证电导率读数精确，测量时尽可能使指示电表的指针接近满刻度。使用过程中要经常检查“校正”是否调整准确，即应经常把校正、测量开关拨向校正，检查指示电表指针是否仍为满刻度，尤其是对高电导率溶液进行测量时，每次均应在校正后读数，以提高测量精度。测量溶液的容器要干净，当测量电极电阻很高的溶液时，需选用由溶解度极小的中性玻璃、石英或塑料制成的容器。

§2.16 分光光度计的使用

用紫外-可见光区的光作为光区测定和记录物质对紫外光、可见光的吸光度及紫外-可见的吸收光谱，并进行定性、定量及结构分析的仪器，称为紫外-可见分光光度计。

一、基本原理

当一束连续的紫外-可见光照射待测物质的溶液时，若某一频率（波长）的光所具有的能量恰好与分子中的价电子的能级差 ΔE 相等（即 $\Delta E = E_2 - E_1 = h\gamma$）时，则该频率（波长）的光被该物质选择性地吸收，价电子由基态跃迁到激发态（同时不可避免地伴随有振动和转动能级的跃迁）。紫外-可见分光光度计就是将物质对紫外-可见光的吸收情况以波长 λ 为横坐标，以吸光度 A 为纵坐标，绘制 A—λ 曲线，即得紫外-可见吸收光谱（紫外-可见吸收曲线）。

紫外-可见吸收光谱的吸收峰的形状、位置、个数和强度均取决于分子的结构特征。不同的物质具有不同的分子结构，故紫外-可见吸收光谱就不同，因此，可以根据吸收光谱对物质进行定性鉴定和结构分析。同时，在一定的浓度范围内物质对光的吸收服从朗伯-比尔定律，即吸光度 A 与溶液的浓度 c（$g \cdot L^{-1}$）或液层厚度 b（cm）成正比，即：

$$A = abc \text{（}a\text{ 是比例系数）}$$

当 c 的单位为 $mol \cdot L^{-1}$ 时，比例系数用 ε 表示，称为摩尔吸光系数，其单位为 $L \cdot mol^{-1} \cdot cm^{-1}$，它是有色物质在一定波长下的特征常数。

为此，当选用一适当波长的单色光照射吸光物质的溶液时，比色皿的厚度一定，其吸光度 A 与溶液的浓度 c 成正比，这是紫外-可见分光光度法定量分析的依据。

二、仪器结构

以 722 型光栅分光光度计为例介绍。

722 型光栅分光光度计由光源室、单色器、试样室、光电管暗盒、电子系数及数字显示器等部件组成，其外形如图 2.29 所示。

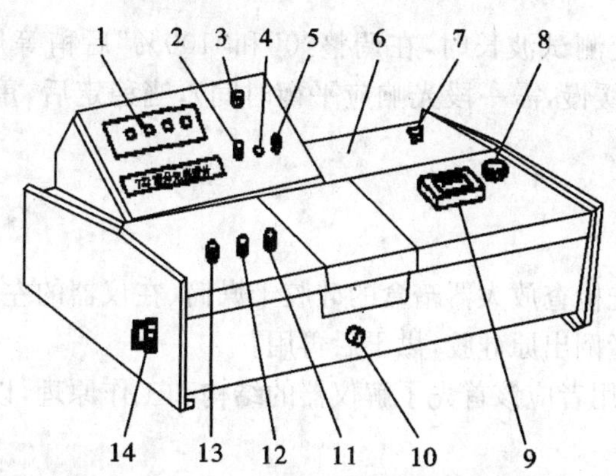

1—数字显示器;2—吸光度调零旋钮;3—选择开关;4—吸光度调斜率电位器;5—浓度旋钮;6—光源室;7—电源开关;8—波长手轮;9—波长刻度窗;10—式样架拉手;11—100%T旋钮;12—0%T旋钮;13—灵敏度调节旋钮;14—干燥器

图2.29 722光栅分光光度计外形图

其主要技术指标为:

波长范围:330~800 nm;

波长精度:±2 nm;

浓度直读范围:0~2 000;

吸光度测量范围:0~1.999;

透光率测量范围:0~100%;

光谱带宽:6 nm;

噪声:0.5%(在550 nm处)。

三、使用方法

1. 在未接通电源前,应该对仪器的安全性进行检查,电源线接线应牢固,接地线通地要良好,各个调节旋钮的起始位置应该正确,然后再接通电源开关。

2. 将灵敏度旋钮调置"1"档(放大倍率最小)。

3. 开启电源,指示灯亮,选择开关置于"T",波长调至测试用波长。仪器预热20 min。

4. 打开试样室盖(光门自动关闭),调节"0"旋钮,使数字显示为"00.0",盖上试样室盖,将参比溶液置于光路,调节透过率"100%"旋钮,使数字显示为"100.0"。

5. 如果显示不到"100.0",则可适当增加微电流放大器的倍率档数,但尽可能置低倍率档使用,这样仪器将有更高的稳定性。但改变倍率后必须按(4)重新校正"0"和"100%"。

6. 预热后,按(4)连续几次调整"0"和"100%",仪器即可进行测定工作。

7. 吸光度A的测量:按(4)调整仪器的"00.0"和"100%",将选择开关置于"A",调节吸光度调零旋钮,使得数字显示为".000",然后将被测样品移入光路,显示值即为被测样品的吸光度值。

8. 浓度C的测量:选择开关由"A"旋置"C",将已标定浓度的样品放入光路,调节浓度旋钮,使得数字显示为标定值,将被测样品放入光路,即可读出被测样品的浓度值。

9. 如果大幅度改变测试波长时，在调整“0”和“100%”后稍等片刻（因光能量变化急剧，光电管受光后响应缓慢，需一段光响应平衡时间），当稳定后，重新调整“0”和“100%”即可工作。

四、注意事项

1. 仪器在使用前先检查放大器暗盒的硅胶干燥筒（在仪器的左侧），如受潮变色，应更换干燥的蓝色硅胶或者倒出原硅胶，烘干后再用。

2. 使用仪器前，使用者应该首先了解仪器的结构和工作原理，以及各个操作旋钮的功能。

3. 仪器接地要良好，否则显示数字不稳定。

4. 为防止光电管疲劳，不测定时必须打开比色皿暗箱盖，使光路切断，以延长光电管使用寿命。

5. 拿比色皿时，手指只能捏住比色皿的毛玻璃面，不要碰比色皿的透光面，以免玷污。清洗比色皿时，一般先用水冲洗，再用蒸馏水洗净。若比色皿被有机物玷污，可用盐酸-乙醇混合液（1∶2）浸泡片刻，再用水冲洗。不能用碱溶液或氧化性强的洗涤液洗，以免损坏。也不能用毛刷清洗比色皿，以免损伤它的透光面。每次做完实验应立即洗净比色皿。比色皿外壁的水用擦镜纸或细软的吸水纸吸干，以保护透光面。

6. 测量溶液吸光度时，一定要用被测溶液洗比色皿内壁数次，以免改变被测溶液的浓度，在测定一系列溶液的吸光度时，通常都是从稀到浓的顺序测定，以减小测量误差。

7. 在实际分析工作中，通常根据溶液浓度的不同，选用不同规格光径长度的比色皿，使溶液的吸光度控制在 0.2～0.7，以提高测定的准确度。

8. 比色皿透光面玻璃应无色透明，成套同一厚度比色皿的空白透光度应相等，使用前可作检查。其方法是把同一浓度的某有色溶液装入比色皿内，在相同的条件下，测定它们的透光度是否相等。允许成套同种厚度比色皿之间透光度相差不大于0.5%。

9. 每台仪器所配套的比色皿，不能与其他仪器上的比色皿单个调换。

10. 当仪器停止工作时，应切断电源，电源开关同时切断，并罩好仪器。

§2.17　折光率的测定

折光率（又称折射率）是有机化合物最重要的物理常数之一，作为液体物质纯度的标准，也可作为定性鉴定的手段。

一、实验原理

光在不同介质中的传播速度是不同的。当光从一种介质进入另一种介质时，如果它的传播方向与两介质的界面不垂直，它的传播方向会发生改变，这一现象称为光的折射。通常把光在空气中的传播速度与其在待测物中的传播速度之比称为折光率，用 n 表示。

$$n=\nu_{空}/\nu_{物}$$

根据折射定律，一定波长的单色光从介质 A 进入介质 B，入射角 α 与折射角 β 的正弦之比和两介质的折光率成反比：

$$\sin\alpha/\sin\beta = n_B/n_A$$

当介质 A 为真空时，$n_A=1$，上式成为：$n_B=\sin\alpha/\sin\beta$，这时 n_B 为介质 B 的绝对折光率。

所以，在真空或空气（组成、密度不变时）中测定某种有机物，其折光率为一常数。

折光率与物质的结构有关。在一定的条件下，纯物质具有恒定的折光率，因此折光率可用来鉴定未知物或鉴定物质的纯度。测定值越接近文献值，就表明样品的纯度越高。折光率也可用于确定液体混合物的组成。

同一物质的折光率随入射光波长和测定温度的不同而不同。一般的，随着入射光的波长降低而升高，随温度升高而降低。因此，在折光率表示中要注明测定时的温度和波长，即：n_λ^t，t 代表温度（℃），λ 代表波长（nm）。一般测定温度为 20℃，应用波长为 589.3 nm 的钠光，钠光以 D 表示，即：n_D^{20}。

目前实验室测定物质的折光率常用阿贝（Abbe）折光仪，其工作原理如图 2.30。如果介质 A 为光疏介质，B 为光密介质，即 $n_A<n_B$，则折射角 β 必小于入射角 α，当入射角为 90°，$\sin\alpha=1$，此时折射角达到最大值，称为临界角，用 β_0 表示，它与折光率的关系为 $n=1/\sin\beta_0$（通常测定折光率都采用空气作为近似真空标准状态），由此可见，如果测定了临界角 β_0，就可以求得介质的折光率。这就是阿贝折射仪的基本光学原理。

为了测定 β_0 值，阿贝折射仪采用了“半明半暗”的方法，就是让单色光由 0～90°的所有角度从介质 A 射入介质 B，这时介质 B 中临界角以内的整个区域均有光线通过，因而是明亮的；而临界角以外的全部区域没有光线通过，因而是黑暗的，明暗两区域的界线十分清楚。如果在介质 B 的上方用一目镜观测，就可看见界线十分清晰的一明一暗的两个半圆组成的视野。这个明暗分界线，就是临界角的位置。

介质不同，临界角也就不同，目镜中明暗两区的界线位置也不一样。如果在目镜中刻上一“十”字交叉线，改变介质 B 与目镜的相对位置，使每次明暗两区的界线总是与“十”字交叉线的交点重合，这样就可测得各种不同介质的临界角值。如果将各种不同临界角相对应的折射率值事先计算好并刻画在一度盘上，当测得临界角值时，就可从读数镜中直接读出待测液体的相应的折射率数值。

阿贝折射仪带有消色散系统，可直接使用日光，所测折光率同使用钠光光源一致。

二、实验操作

阿贝折光仪的构造如图 2.31 所示。用阿贝折光仪测定有机化合物的折光率时，基本操作如下。

（一）校正仪器

1. 示值校准：对折射棱镜的抛光面加 1～2 滴溴代萘（仪器中附有），再贴上标准试样的抛光面，当读数视场指示于标准试样上之值时，观察望远镜内明暗分界线是否在十字线中间，若有偏差则用螺丝刀微量旋转示值调节螺丝，带动物镜偏摆，使分界线位移至十字线中心。通过反复地观察与校正，使示值的起始误差降至最小。校正完毕后，在以后的测定中不允许随意再动此部位。

2. 每次测定前及进行示值校准时必须将进光棱镜的毛面、折射棱镜的抛光面及标准试样的抛光面，用脱脂棉蘸少许无水乙醇或丙酮，轻轻地朝单方向擦洗干净，切忌来回摩擦。

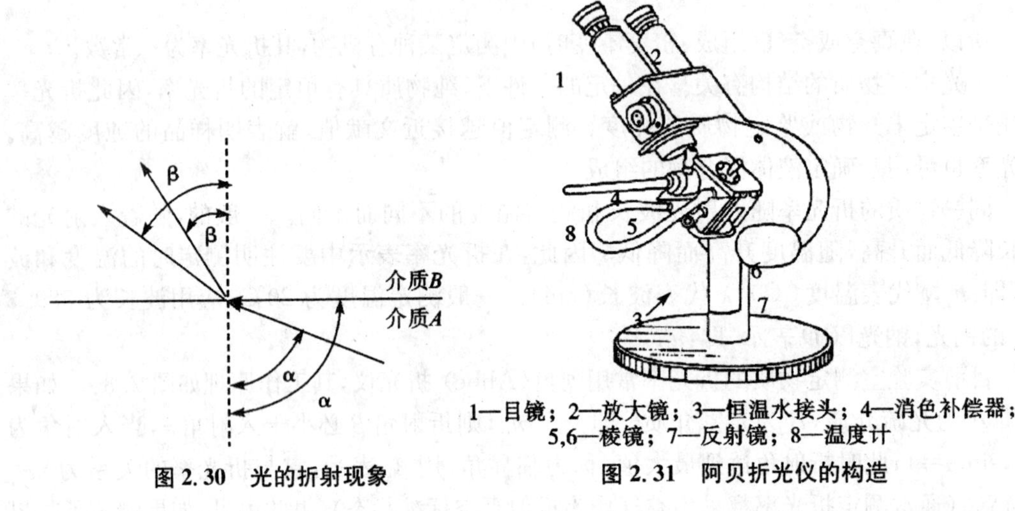

图 2.30　光的折射现象

图 2.31　阿贝折光仪的构造

（二）测定

1. 待洗镜的溶剂挥发干后，用滴管将待测液体 2～3 滴滴加在进光棱镜的磨砂面上（滴管口千万别碰划镜面！），再旋转锁紧手柄，合上棱镜，使液体夹在两棱镜的夹缝中成一液层，液体要充满视野，且无气泡。若被测液体是易挥发物，则在测定过程中，需从棱镜侧面的一小孔滴加补充样液，以保证样液充满棱镜夹缝。

2. 调节反光镜使镜筒视野明亮。

3. 轻轻转动刻度手轮，在目镜中找到明暗分界线或彩色带，再转动消色调节器，消除视野中的彩色带，使明暗分界线清晰，当调到明暗分界线恰好处在十字线中心时，观察读数镜筒视野中右边标尺所指示的刻度值即是该液体的值，记录读数。

4. 如果需要测定某一特定温度时的折射率时，则将温度计旋入温度计套座内，用橡皮管把棱镜上恒温器接头与超级恒温槽连接起来，把恒温槽的温度调节到所需的测量温度、待温度稳定 10 min 后，即可进行测量。

5. 测定完毕后，用洁净柔软的脱脂棉或擦镜头纸，将棱镜表面的样品擦去，再用蘸有丙酮或无水乙醇的脱脂棉球轻轻朝一个方向擦干净。待溶剂挥发干燥后，关上棱镜（严禁用手指触及棱镜）。

思考题

1. 简述如何校正阿贝折光仪的误差？

2. 测定液体有机化合物折光率的意义？

第 3 章　基本化学实验

实验 1　氯化钠的提纯

一、实验目的

1. 掌握提纯 NaCl 的原理和方法。

2. 学习溶解、沉淀、常压过滤、减压过滤、蒸发结晶、烘干等基本操作。

3. 了解 Ca^{2+}，Mg^{2+}，SO_4^{2-} 等离子的定性鉴定。

二、实验原理

粗盐中含有 Ca^{2+}，Mg^{2+}，K^+，SO_4^{2-} 等可溶性杂质和泥沙等，选择合适的试剂可使 Ca^{2+}，Mg^{2+}，SO_4^{2-} 沉淀除去，为了节约试剂，节省时间，一般先加入 $BaCl_2$ 溶液，除去 SO_4^{2-}：

$$Ba^{2+} + SO_4^{2-} = BaSO_4 \downarrow$$

然后再加入 Na_2CO_3 溶液，除去 Ca^{2+}、Mg^{2+} 和过量的 Ba^{2+}：

$$Ca^{2+} + CO_3^{2-} = CaCO_3 \downarrow$$

$$Mg^{2+} + CO_3^{2-} = MgCO_3 \downarrow$$

$$Ba^{2+} + CO_3^{2-} = BaCO_3 \downarrow$$

过量的 Na_2CO_3 溶液用 HCl 中和，粗盐中的 K^+ 仍留在溶液中。由于 KCl 的溶解度比 NaCl 大，而且在粗盐中的含量少，所以蒸发浓缩食盐溶液时，NaCl 先结晶出来，而 KCl 仍留在溶液中。

三、仪器与试剂

1. 仪器　循环水泵，吸滤瓶，布氏漏斗，普通玻璃漏斗，烧瓶，蒸发皿，台秤。

2. 试剂　粗盐，H_2SO_4（3 mol·L^{-1}），Na_2CO_3（饱和），HCl（6 mol·L^{-1}），$(NH_4)_2C_2O_4$（饱和），$BaCl_2$（0.2 mol·L^{-1}），$BaCl_2$（1 mol·L^{-1}），NaOH（6 mol·L^{-1}），HAc（2 mol·L^{-1}），镁试剂，pH 试纸。

四、实验步骤

1. 粗盐溶解：称取 7.5 g 粗盐溶于 25 mL 水中，加热搅拌。

2. 除 SO_4^{2-}：加热至沸，边搅拌边滴加 1 $mol \cdot L^{-1}$ 的 $BaCl_2$ 溶液约 2 mL，继续加热 5 min，使颗粒变大便于分离。

3. 检查 SO_4^{2-} 是否完全除去：静置，取上清液少许加几滴 6 $mol \cdot L^{-1}$ 的 HCl，几滴 1 $mol \cdot L^{-1}$ 的 $BaCl_2$ 溶液，如有浑浊，表示 SO_4^{2-} 未完全除去，需继续加 $BaCl_2$ 溶液至完全除去。

4. 除 Ca^{2+}、Mg^{2+} 和过量的 Ba^{2+}：上述溶液加热至沸，边搅拌边滴加饱和 Na_2CO_3 溶液，至不再产生沉淀为止，再多加 0.5 mL，静置。

5. 检查 Ba^{2+} 是否完全除去：取上清液数滴，加几滴 3 $mol \cdot L^{-1}$ 的 H_2SO_4，如有浑浊，表示 Ba^{2+} 未完全除去，则继续加 Na_2CO_3 溶液，至除尽，静置，常压过滤。

6. 用 HCl 调 pH 除去 CO_3^{2-}：溶液中加入 6 $mol \cdot L^{-1}$ 的 HCl，加热搅拌，至 pH3～4 左右。

7. 浓缩结晶：在蒸发皿中将溶液浓缩到有大量晶体析出，冷却，抽滤，用酒精洗涤，抽干，然后在蒸发皿中小火加热烘干，称量。

8. 纯度检验：取粗盐和提纯后的产品各 0.5 g，分别溶于 5 mL 水中，然后分别检验 SO_4^{2-}，Ca^{2+}，Mg^{2+}，比较纯度。

(1)SO_4^{2-} 的检验：两支试管中分别加入粗盐和纯 NaCl 溶液约 1 mL，分别加入 2 滴 6 $mol \cdot L^{-1}$ 的 HCl 和 0.2 $mol \cdot L^{-1}$ 的 $BaCl_2$ 溶液，观察现象。

(2)Ca^{2+} 的检验：两支试管中分别加入粗、纯 NaCl 溶液约 1 mL，加 2 $mol \cdot L^{-1}$ 的 HAc，3～4 滴饱和 $(NH_4)_2C_2O_4$ 溶液，观察现象。

(3)Mg^{2+} 的检验：两支试管中分别加入粗、纯 NaCl 溶液约 1 mL，4～5 滴 6 $mol \cdot L^{-1}$ 的 NaOH，摇匀，再加入 3～4 滴镁试剂，若有蓝色絮状沉淀，表示有 Mg^{2+}，反之，若仍为紫色，表示无 Mg^{2+}。

五、实验结果

1. 产品外观：(1)粗盐________；(2) 产品________。

2. 纯度检验

项目	检验方法	被检验溶液	实验现象	结论
SO_4^{2-}	6 $mol \cdot L^{-1}$ 的 HCl 0.2 $mol \cdot L^{-1}$ 的 $BaCl_2$	1 mL 粗盐溶液		
		1 mL 纯盐溶液		
Ca^{2+}	饱和 $(NH_4)_2C_2O_4$	1 mL 粗盐溶液		
		1 mL 纯盐溶液		
Mg^{2+}	6 $mol \cdot L^{-1}$ 的 NaOH，镁试剂	1 mL 粗盐溶液		
		1 mL 纯盐溶液		

思考题

1. 在除去 SO_4^{2-}，Ca^{2+}，Mg^{2+} 时，为何先加 $BaCl_2$ 溶液，再加 Na_2CO_3 溶液？
2. 能否用 $CaCl_2$ 代替 $BaCl_2$ 来除去粗盐中的 SO_4^{2-}？
3. 在除去 SO_4^{2-}，Ca^{2+}，Mg^{2+} 时，能否用其他可溶性的盐代替 Na_2CO_3 溶液？
4. 在提纯粗盐过程中，K^+ 在哪一步除去？

注释

镁试剂是硝基偶氮间苯二酚，它在酸性溶液中呈黄色，在碱性溶液中呈紫色或红色，当被 $Mg(OH)_2$ 吸收时呈紫色。

实验2 硫酸钡溶度积常数的测定——电导率法

一、实验目的

1. 学习电导率法测定 $BaSO_4$ 的溶度积常数。
2. 学习电导率仪的使用。

二、实验原理

硫酸钡是难溶电解质，饱和溶液中存在下列平衡：

$$BaSO_4(S) \rightleftharpoons Ba^{2+} + SO_4^{2-}$$

$$K_{sp,BaSO_4} = [Ba^{2+}][SO_4^{2-}] = C_{BaSO_4}^2$$

由此可见，只需测出 $[Ba^{2+}]$，$[SO_4^{2+}]$ 或 C_{BaSO_4} 即可求出 $BaSO_4$ 的 K_{SP}。由于 $BaSO_4$ 的溶解度很小，因此可把饱和溶液看成是无限稀释的溶液，离子的活度与浓度近似相等，由于饱和溶液的浓度很低，因此常采用电导率法，通过测定电解质溶液的电导率来计算离子浓度。

实验证明，当溶液浓度无限稀释时，每种电解质的极限摩尔电导是电离的两种离子的极限摩尔电导之和，对 $BaSO_4$ 饱和溶液而言：

$$\lambda_{\infty BaSO_4} = \lambda_{\infty Ba^{2+}} + \lambda_{\infty SO_4^{2-}}$$

当以 1/2 $BaSO_4$ 为基本单元，$\lambda_{\infty BaSO_4} = 2\lambda_{1/2BaSO_4}$。在 25℃时，无限稀释的 1/2 Ba^{2+} 和 1/2 SO_4^{2-} 的 λ_∞ 值分别为 $63.6 S \cdot cm^2 \cdot mol^{-1}$，$8.0 S \cdot cm^2 \cdot mol^{-1}$. 因此

$$\lambda_{\infty BaSO_4} = 2\lambda_{1/2BaSO_4} = 2(\lambda_{\infty 1/2Ba^{2+}} + \lambda_{\infty 1/2SO_4^{2-}}) = 2\times(63.6+8.0) = 143.2(S \cdot cm^2 \cdot mol^{-1})$$

摩尔电导为浓度是 $1\ mol \cdot L^{-1}$ 溶液的电导率 $\gamma(\gamma=\lambda \cdot C)$。因此，只要测得电导率 γ 值，即可求得溶液浓度。

$$C_{BaSO_4} = \frac{1\,000\gamma_{BaSO_4}}{\lambda_{\infty BaSO_4}}$$

由于测得 $BaSO_4$ 的电导率包括水的电导率，因此真正的 $BaSO_4$ 的电导率

$$\gamma_{BaSO_4} = \gamma_{BaSO_4(溶液)} - \gamma_{H_2O}$$

$$K_{sp,BaSO_4} = [\frac{\gamma_{BaSO_4(溶液)} - \gamma_{H_2O}}{\lambda_{\infty,BaSO_4}} \times 1\ 000]^2$$

三、仪器与试剂

电导率仪，烧杯，量筒，去离子水，$BaSO_4$。

四、实验步骤

1. $BaSO_4$ 饱和溶液的制备：

将适量已经灼烧的 $BaSO_4$ 置于 100 mL 的烧杯中，加 40 mL 去离子水，加热煮沸 3～5 min，搅拌静置，冷却。

2. 电导率的测定：

(1)取 40 mL 去离子水，测定其电导率，注意要迅速。

(2)$BaSO_4$ 的饱和溶液冷至室温，测定其电导率。

思考题

1. 为什么要测纯水的电导率？
2. 什么情况下可用电导率计算溶液浓度？

实验 3　pH 法测定醋酸电离常数

一、目的要求

1. 了解 pH 计的原理，学习使用 pH 计。
2. 巩固对滴定管、移液管、容量瓶的规范操作。
3. 测定醋酸的电离度和电离常数。
4. 进一步练习溶液配制与标定操作。

二、实验原理

醋酸是弱电解质，在水中存在以下电离平衡

$$HAc \rightleftharpoons H^+ + Ac^-$$

若 c 为 HAc 的初始浓度，$[H^+]$，$[Ac^-]$，$[HAc]$分别为 H^+，Ac^-，HAc 的平衡浓度，α 为电离度，K_a 为电离常数。在 HAc 溶液中，忽略水的离解，则$[H^+]=[Ac^-]$，$[HAc]=c(1-\alpha)$，其中 $\alpha=[H^+]\times100\%/c$

$$K_a = \frac{[H^+][Ac^-]}{[HAc]} = \frac{[H^+]^2}{c-[H^+]}$$

当 $\alpha \leqslant 5\%$时，$Ka \approx \frac{[H^+]^2}{c}$

所以测定已知浓度的 HAc 溶液的 pH 值，可以计算它的电离度和电离常数。

三、仪器与试剂

1. 仪器　pH 计一套，滴定管(碱式)，移液管(5 mL，25 mL)，锥形瓶，容量瓶(50 mL)3 个，烧杯(50 mL)4 个。

2. 试剂　HAc(浓)，NaOH(固体)，邻苯二甲酸氢钾(基准)，酚酞指示剂。

四、实验步骤

1. 250 mL 0.2 mol·L^{-1} NaOH 溶液的配制与标定。

(1)250 mL 0.2 mol·L^{-1} NaOH 溶液的配制，方法参见实验一。

(2)250 mL 0.2 mol·L^{-1} NaOH 溶液的标定 用差减法在分析天平上准确称量(0.4～0.6 g)邻苯二甲酸氢钾于锥形瓶中，加入 40～50 mL 蒸馏水溶解，加 2 滴酚酞指示剂，用待标定的 NaOH 溶液滴定至微红色，平行滴定 3 次，求平均浓度。数据记录列于表 3.1。

表 3.1　NaOH 溶液浓度的标定

平行实验	第一份	第二份	第三份
称取 $KHC_8H_4O_4$ 的质量/g			
消耗 NaOH 溶液的体积/mL			
NaOH 溶液的浓度/(mol·L^{-1})			
相对偏差			
NaOH 溶液的平均浓度/(mol·L^{-1})			

2. 300 mL 0.2 mol·L^{-1} HAc 溶液的配制与标定。

(1)300 mL 0.2 mol·L^{-1} HAc 溶液的配制，计算所需冰醋酸(17.5 mol·L^{-1})的量，用量筒量取所取冰醋酸，加入蒸馏水至 300 mL，充分摇匀，转入试剂瓶待用。

(2)300 mL 0.2 mol·L^{-1} HAc 溶液的标定，用已标定的 NaOH 溶液标定上述配制 HAc 溶液的浓度。数据记录列于表 3.2。

表 3.2　HAc 溶液的标定

NaOH 标准液的浓度/(mol·L^{-1})				
平行滴定份数		1	2	3
移取 HAc 溶液的体积/mL		25.00	25.00	25.00
消耗 NaOH 溶液的体积/mL				
HAc 溶液的浓度/(mol·L^{-1})	测定值			
	相对偏差			
	平均值			

3. 配制不同浓度的 HAc 溶液。

用吸量管分别移取 2.50 mL，5.00 mL，25.00 mL 已知浓度的 HAc 溶液，分别加入 3 个 50 mL 的容量瓶中，用蒸馏水稀释到刻度，摇匀，计算出准确浓度。

4. 测定 HAc 溶液的 pH。

把上述四种不同浓度的 HAc 溶液分别加入 4 只干燥的烧杯中，按由稀到浓的顺序分别测定其 pH，记录数据如表 3.3，计算相应的电离度和电离常数。

表 3.3　醋酸溶液 Ka 值的计算

溶液编号	c	pH	$[H^+]$	α	电离常数 Ka	
					测定值	平均值
1						
2						
3						
4						
5						

思考题

1. 改变 HAc 溶液的浓度或温度，电离度和电离常数有无改变？若有改变，会有什么改变？

2. “电离度越大，酸度越大”。这句话对吗？

3. 实验中$[Ac^-]$和$[HAc]$是怎样测得的？要做好本实验，关键的操作是什么？

实验 4　密度的测定

一、目的要求

1. 学习并熟练掌握电光分析天平及电子天平的使用。

2. 学习常用液体、固体密度的测定方法。

二、实验原理

密度(ρ)的定义为单位体积(V)内物质的质量(m)，用公式 $\rho=m/V$ 表示。

物质的密度与物质的本性有关，且受外界条件的影响。压力对固体、液体密度的影响可以忽略不计，但温度对密度的影响却不能被忽略。因此，在表示密度时应同时注明温度。

一定条件下，物质的密度与某种参考物的密度之比称为相对密度，通过参考物质的密度，可以将相对密度换算成密度。

密度的测定可用于鉴定化合物的纯度和区别组成相似而密度不同的化合物。

三、仪器与试剂

1. 仪器　碱式滴定管，容量瓶（10 mL），电子天平，比重瓶。

2. 试剂　无水乙醇，丙酮，锌粒，水（室温下放置 1 天以上）。

四、实验步骤

1. 无水乙醇、丙酮密度的测定。取一洁净的 10 mL 容量瓶在电子天平上准确称量其质量 m_0，然后注入待测液体无水乙醇至容量瓶刻度，再称其质量 m_1（切记称量时一定要塞好容量瓶的盖子），将两次质量之差除以 10.00 mL，即得无水乙醇在室温下的密度，用同样的方法可测得丙酮的密度。

2. 固体密度的测定。

（1）块状固体密度的测定。用加重法在分析天平上称取待测固体 2～10 g（不同物质称量的量不同，较轻物质少称些，较重物质多称些，准确至 0.000 1 g）。

滴定管（碱式滴定管下端乳胶管部分换成乳胶头）中装入室温下放置一天以上的水。轻轻捏动乳胶头赶净滴定管内的气泡，记下初始刻度（准确至 0.01 mL），小心将待测固体移至滴定管中（注意既不要将物质撒落，也不要将水洒出）。轻轻上下振动滴定管，将气泡赶尽，放置 3 min。记录滴定管的最终读数（准确至 0.01 mL）。

表 3.4　数据记录与结果处理

未知物序号					
未知物质量/g					
滴定管的初始读数/mL					
滴定管的最终读数/mL					
未知物体积/mL					
未知物密度/g·mL^{-1}					

（2）粒状固体密度的测定。首先称出空比重瓶的质量 m_0，再将约占 2/3 比重瓶体积的待测固体颗粒小心地装入比重瓶，称得质量 m_1；然后将瓶内注满密度已知为 ρ 的某种液体（该液不溶解待测固体，但能润湿待测固体，且置于室温下 1 天以上），轻轻摇动比重瓶赶走瓶内气泡，盖上瓶塞，用滤纸吸去比重瓶上毛细管口溢出的液体，称其质量 m_2；将固体颗粒倒入回收瓶，液体倒掉，然后再向比重瓶内装满上述密度为 ρ 的液体，赶走气泡，盖上瓶塞，用滤纸吸去比重瓶塞子毛细管口溢出的液体，最后称其质量 m_3，则该固体密度 ρ_s 可由下式计算：

$$\rho_s=\frac{m_1-m_0}{(m_3-m_0)-(m_2-m_1)}\times\rho$$

实验5 化学反应速率、反应级数和活化能的测定

一、实验目的

1. 了解温度、浓度及催化剂对化学反应速率的影响。

2. 测定过二硫酸铵与碘化钾反应的反应速率，并计算反应级数、反应速率常数及反应的活化能等一系列参数。

二、实验原理

1. 反应级数和速率常数的测定与求算：

对于简单反应：

$$aA+bB=cC+dD$$

根据质量作用定律，其反应速率方程为：

$$v=kc_A ac_B b$$

式中，k 为反应速率常数；$a+b=n$，n 为反应级数，$n=1$ 称为一级反应，$n=2$ 称为二级反应，三级反应较少。对于复杂反应，反应级数有时不能由方程式判定，应由实验测得。

本实验利用测定反应物浓度变化来确定$(NH_4)_2S_2O_8$ 和 KI 的反应速率。在水溶液中，$(NH_4)_2S_2O_8$ 和 KI 发生如下反应：

$$S_2O_8^{2-}+3I^- \rightarrow 2SO_4^{2-}+I_3^- \qquad ①$$

这个反应的反应速率与反应物浓度的关系为

$$v=-\frac{dc_{S_2O_8^{2-}}}{dt}=kc_{S_2O_8^{2-}}{}^m c_{I^-}^n$$

式中，v 为瞬时反应速率；$dc_{S_2O_8^{2-}}$ 为 dt 时间内 $S_2O_8^{2-}$ 减少的浓度；$c_{S_2O_8^{2-}}$、c_{I^-} 为 $S_2O_8^{2-}$、I^- 的起始浓度；m，n 为反应级数。

实验只能测定一段时间内的平均速度，如果在 Δt 时间内 $S_2O_8^{2-}$ 的浓度改变了 $\Delta c_{S_2O_8^{2-}}$，则平均反应速率可表示为：

$$\bar{v}=-\frac{\Delta c_{S_2O_8^{2-}}}{\Delta t}$$

近似用平均反应速率代替瞬时速率，则

$$\bar{v}=-\frac{\Delta c_{S_2O_8^{2-}}}{\Delta t}=kc_{S_2O_8^{2-}}{}^m c_{I^-}^n$$

为了测定一定时间(Δt)内 $S_2O_4^{2-}$ 的浓度变化，在将$(NH_4)_2S_2O_8$ 和 KI 溶液混合时，同时加入一定体积的已知浓度的 $Na_2S_2O_3$ 溶液和淀粉溶液。当 $S_2O_8^{2-}$ 与 I^- 反应产生 I_3^- 时，它立即与 $S_2O_3^{2-}$ 反应：

$$2S_2O_3^{2-}+I_3^- \rightarrow S_4O_6^{2-}+3I^- \qquad ②$$

反应②比反应①速率快，所以①生成的 I_3^- 与 $S_2O_3^{2-}$ 的作用瞬时完成，生成无色的

$S_4O_6^{2-}$ 和 $3I^-$。当 $S_2O_3^{2-}$ 用尽时，生成的微量 I_3^- 与淀粉作用，使溶液呈蓝色。有上述两个反应式可以看出，在反应中 $S_2O_8^{2-}$ 浓度的减少量为 $S_2O_3^{2-}$ 的一半，即

$$\Delta c_{S_2O_8^{2-}}=\frac{\Delta c_{S_2O_3^{2-}}}{2}$$

记录从开始到出现蓝色所需的时间 Δt。由于 Δt 内 $S_2O_3^{2-}$ 全部反应，所以 $\Delta c_{S_2O_3^{2-}}$ 实际就是起始浓度，由此可算出 $\Delta c_{S_2O_8^{2-}}$ 及 $\Delta c_{S_2O_8^{2-}}/\Delta t$，即 Δt 时间内的平均反应速率。

由速率方程可知，当固定 I^- 浓度时，用不同浓度的 $S_2O_8^{2-}$ 得到不同的反应速率 v_1、v_2，进一步可求出反应级数 m。同理，固定 $S_2O_8^{2-}$ 浓度时，可求出反应级数 n。根据 m 和 n 可求出反应速率常数 k。

2. 反应活化能的求算：

根据阿累尼乌斯公式，反应速率常数与温度 T 有如下关系：

$$\lg k=-\frac{Ea}{2.303RT}+\lg A$$

若测出不同温度时的 k 值，以 $\lg k$ 对 $1/T$ 作图得一直线。直线的斜率等于 $-Ea/(2.303R)$，然后得出活化能 Ea。

三、仪器与试剂

1. 仪器　秒表。

2. 试剂　KI(0.20 mol·L^{-1})，$Na_2S_2O_3$(0.01 mol·L^{-1})，淀粉(0.2%)，$(NH_4)_2S_2O_8$(0.20 mol·L^{-1})，KNO_3(0.20 mol·L^{-1})，$(NH_4)_2SO_4$(0.20 mol·L^{-1})，$Cu(NO_3)_2$(0.20 mol·L^{-1})。

四、实验步骤

1. 浓度对化学反应速率的影响。

室温下，取3个量筒分别量取20 mL 0.2 mol·L^{-1}KI溶液、8.0 mL 0.01 mol·L^{-1} $Na_2S_2O_3$ 溶液和4.0 mL 10%的淀粉溶液，然后均匀加到150 mL烧杯中，均匀混合。再用另一量筒量取20 mL 0.20 mol·L^{-1} $(NH_4)_2S_2O_8$ 溶液，快速加到烧杯中，同时开启秒表计时，并不断搅拌溶液。当溶液刚出现蓝色时立即停止秒表，记下时间及室温。

用同样方法按照下表中的用量进行另外4次实验。为了使每次实验中溶液的离子强度和总体积保持不变，不足的量分别用0.2 mol·L^{-1} KNO_3 和0.2 mol·L^{-1} $(NH_4)_2SO_4$ 溶液补充。

2. 温度对化学反应速率的影响。

按下表实验Ⅳ的用量，把KI，$Na_2S_2O_3$，KNO_3 和淀粉的混合液加到150 mL烧杯中，把 $(NH_4)_2S_2O_8$ 加到另一烧杯中，并将两个烧杯放入冰水浴中冷却。等烧杯中的溶液都冷到0℃时，把 $(NH_4)_2S_2O_8$ 加到KI的混合液中，同时开启秒表计时，并不断搅拌溶液。当溶液出现蓝色时记录反应时间。

表 3.5 不同用量的试剂对化学速率的影响

实验序号		1	2	3	4	5
试剂的用量	0.20 mol·L^{-1} $(NH_4)_2S_2O_8$	20	10	5.0	20	20
	0.20 mol·L^{-1} KI	20	20	20	10	5.0
	0.01 mol·L^{-1} $Na_2S_2O_3$	8.0	8.0	8.0	8.0	8.0
	0.2% 淀粉	4.0	4.0	4.0	4.0	4.0
	0.20 mol·L^{-1} KNO_3	0	0	0	10	15
	0.20 mol·L^{-1} $(NH_4)_2SO_4$	0	10	15	0	0
反应时间 $\Delta t/s$						

在 10℃，20℃，30℃的条件下，重复上述实验。并算出它们的反应速率和活化能。

3. 催化剂对反应速率的影响。

在 150 mL 烧杯中加入 10 mL 0.2 mol·L^{-1}KI 溶液，4.0 mL 淀粉溶液，8.0 mL 0.01 mol·L^{-1} $Na_2S_2O_3$ 溶液和 10 mL 0.2 mol·L^{-1} KNO_3 溶液，再加入 1 滴 0.2 mol·L^{-1} $Cu(NO_3)_2$ 溶液。搅拌，然后迅速加入 20 mL 0.20 mol·L^{-1} $(NH_4)_2S_2O_8$ 溶液，搅拌，记录反应时间。

五、实验结果及数据处理

1. 用表 3.5 中实验Ⅰ，Ⅱ，Ⅲ的数据作图求出 m，用Ⅰ，Ⅳ，Ⅴ的数据求出 n，然后计算出反应速率常数 k。

2. 根据实验结果，以 $\lg k$ 为纵坐标，以 $1/T$ 为横坐标作图，求出反应①的活化能。

3. 就各种影响因素，对实验结果进行讨论。

思考题

在向 KI 淀粉溶液和 $Na_2S_2O_3$ 混合液中加入 $(NH_4)_2S_2O_8$ 时，为什么必须快?

实验 6 碱式碳酸铜的制备

一、实验目的

通过碱式碳酸铜的制备条件的探索和生成物的颜色状态的分析，研究反应物的合理配料比，并确定制备反应合适的温度条件，以培养独立设计实验的能力。

二、实验原理

碱式碳酸铜是天然孔雀石的主要成分，呈暗绿色或淡蓝绿色，加热到 200℃即分解，在水中的溶解度很小，新制备的碱式碳酸铜在沸水中很容易分解。

$$2CuSO_4 + 2\ Na_2CO_3 + H_2O = Cu(OH)_2 \cdot CuCO_3 \downarrow + CO_2 \uparrow + 2Na_2SO_4$$

由于 CO_3^{2-} 的水解作用，Na_2CO_3 溶液显碱性，铜的碳酸盐与氢氧化物的溶解度相近，故 Na_2CO_3 与 $CuSO_4$ 反应的产物会一同沉淀出来，只要配比合适就会得到铜的碱式碳酸盐，但反应物的比例、反应温度关系到产物的组成，也影响沉淀需要的时间。

三、仪器与试剂

恒温水浴锅，$CuSO_4 \cdot 5H_2O$，Na_2CO_3

四、实验步骤

（一）反应物溶液的配制

配制 0.5 mol·L^{-1}的 $CuSO_4$ 与 Na_2CO_3 溶液各 100 mL。

（二）制备条件的探索

1. $CuSO_4$ 与 Na_2CO_3 溶液的合适配比：

75℃下，按下表探索 $CuSO_4$ 与 Na_2CO_3 溶液的合适配比

	1	2	3	4
0.5 mol·L^{-1}的 $CuSO_4$(mL)	2.0	2.0	2.0	2.0
0.5 mol·L^{-1}的 Na_2CO_3(mL)	1.6	2.0	2.4	2.8
沉淀产生的速度				
沉淀的量				
沉淀的颜色				
最佳配比				

2. 反应温度的探索。按照上步探索的合适配比，分别在室温、50℃，75℃，100℃下探索合适的反应温度。

	室温	50℃	75℃	100℃
0.5 mol·L^{-1}的 $CuSO_4$(mL)	2.0	2.0	2.0	2.0
0.5 mol·L^{-1}的 Na_2CO_3(mL)				
沉淀产生的速度				
沉淀的量				
沉淀的颜色				
最佳反应温度				

（三）碱式碳酸铜的制备

取 60 mL 0.5 mol·L^{-1}的 $CuSO_4$ 溶液与一定量的 0.5 mol·L^{-1}的 Na_2CO_3 溶液在合适的温度下反应，生成 $Cu_2(OH)_2CO_3$，待沉淀完成后，用倾析法洗涤沉淀数次至无

SO_4^{2-} 为止,吸滤,100℃下烘干,冷却称量,计算产率。

思考题

自行设计实验,测定产物中铜及碳酸根的含量,从而分析制得的碱式碳酸铜的质量。

实验7 葡萄糖酸锌的合成与表征

一、实验目的

1. 初步掌握制备简单药物的方法及表征手段。
2. 了解锌的生物意义。

二、实验原理

锌是人体所需的微量元素之一,具有多种生物功能,含锌的配合物是生物无机化学研究的重要领域之一。本实验通过离子交换法制取高纯的葡萄糖酸溶液,然后与氧化锌反应制得葡萄糖酸锌。

三、仪器与试剂

循环水真空泵,氧化锌,葡萄糖酸钙,浓硫酸,酸性离子交换树脂(001×7 型),乙醇(95%)

四、实验步骤

(一)直接合成法制备葡萄糖酸锌

称取葡萄糖酸钙 4.5 g,放入 50 mL 水中,另取 $ZnSO_4 \cdot 7H_2O$ 3.0 g,用 12 mL 水溶解,边搅拌边把 $ZnSO_4$ 溶液滴加到葡萄糖酸钙溶液中。然后,90℃水浴中放置 20 min,抽滤除去 $CaSO_4$ 沉淀,溶液转入烧杯中,加热近沸,加少量活性炭脱色,趁热过滤,滤液冷到室温,加 10 mL 95%的乙醇,不断搅拌,此时有胶状葡萄糖酸锌析出,充分搅拌后,倾析法出去乙醇,得粗产品。

用适量的水溶解产品,加热(90℃)至溶,趁热抽滤,滤液冷至室温,加 10 mL 95%的乙醇,不断搅拌,结晶析出后,抽滤至干,得精品,50℃下烘干,称重。

(二)间接合成法制备葡萄糖酸锌

1. 葡萄糖酸的制备。在 100 mL 烧杯中加入 50 mL 水,缓慢加入 2.7 mL(0.05 mol)浓硫酸,搅拌下分批加入 22.4 g(0.025 mol)葡萄糖酸钙,在 90℃水浴中反应 1.0 h。趁热滤去生成的 $CaSO_4$ 沉淀,滤液冷却后,过 5 cm 高的离子交换柱(内装酸性离子交换树脂 001×7 型),10 min 内完成过柱,最后得到无色高纯的葡萄糖酸溶液。

2. 葡萄糖酸锌的制备。取上述制得的葡萄糖酸溶液,分批加入 2.0 g(0.025 mol)氧化锌,在 60℃水浴中搅拌反应 2 h,在溶液的 pH=5.80 时过滤,滤液减压浓缩至原体积的

1/3。加入10 mL95%乙醇，冷至0℃，得到白色晶体，干燥称重。

（三）葡萄糖酸锌的表征

1. 用显微熔点仪测定产物的熔点。

2. 测定产物的红外光谱图，主要吸收峰有：—OH 收缩振动 3 500～3 200 cm^{-1}，—COO—伸缩振动 1 589 cm^{-1}，1 447 cm^{-1}，1 400 cm^{-1}。

3. 设计用EDTA滴定法测定葡萄糖酸锌中锌的含量的实验步骤。

五、注意事项

1. 反应需在90℃水浴中恒温加热，温度太高，葡萄糖酸锌会分解，温度太低，葡萄糖酸锌的溶解度降低。

2. 葡萄糖酸锌加水不溶时可微热。

思考题

1. 根据葡萄糖酸锌制备的原理与步骤，比较直接法与间接法的优缺点。

2. 葡萄糖酸锌可用哪几种方法重结晶？

实验8　盐酸标准溶液的配制与标定

一、实验目的

1. 学习用间接法配制标准溶液的方法。

2. 掌握盐酸标准溶液的标定方法。

3. 掌握酸碱滴定的基本操作。

二、实验原理

准确浓度已知的溶液称为标准溶液。

标准溶液的配制有两种方法：直接配制法和间接配制法（又称标定法）。

符合下列要求的物质称为基准物质，可以直接配制标准溶液。

1. 纯度较高，达99.9%以上，杂质含量可以忽略不计；

2. 稳定性好，在空气中放置不易吸潮，不吸收CO_2，不被氧化，不易分解等；

3. 组成与化学式完全相符，如果含有结晶水，则结晶水的个数和分子式一致；

4. 最好具有较大的摩尔质量，以减小称量时的相对误差。

符合以上条件的基准物质种类并不多，常见的基准物质有：硼砂（$Na_2B_4O_7 \cdot 10H_2O$）、碳酸钠（Na_2CO_3）、邻苯二甲酸氢钾（$C_8H_5O_4K$）、草酸（$H_2C_2O_4 \cdot 2H_2O$）、草酸钠（$Na_2C_2O_4$）、三氧化二砷（As_2O_3）、碳酸钙（$CaCO_3$）、纯锌（Zn）、重铬酸钾（$K_2Cr_2O_7$）、氯化钠（NaCl）等。大多数试剂由于不易提纯，不稳定或组成不固定而不符合基准物质的要求，不能直接配制其标准溶液，应用间接配制法，即先配制成近似所需浓度的溶液，然后再用另一种标准溶液或基准物质测定其准确浓度，又称标定。

盐酸易挥发，很难知道其中 HCl 的准确含量，所以不能直接配制。可以先将市售盐酸稀释一定的倍数配制成近似所需浓度的溶液，再用基准无水碳酸钠或硼砂对其进行标定。本实验用无水碳酸钠来标定盐酸，反应方程式：

$$2HCl + Na_2CO_3 = 2\ NaCl + H_2O + CO_2\uparrow$$

滴定反应达化学计量点时溶液的 pH 值约为 3.9，选择甲基橙指示剂（变色范围 pH=3.1～4.4）指示终点，终点颜色变化为黄色到橙色。

三、仪器与试剂

1. 仪器　分析天平，烧杯（500 mL），锥形瓶（250 mL），酸式滴定管（50 mL），试剂瓶（500 mL），容量瓶（250 mL），刻度吸量管（10 mL），量筒（100 mL）。

2. 试剂　盐酸（6 mol·L^{-1}），基准无水碳酸钠，甲基橙指示剂（0.1%）。

四、实验步骤

（一）HCl 溶液的配制

配制 300 mL 浓度为 0.1 mol·L^{-1}的 HCl 溶液。移取盐酸溶液（6 mol·L^{-1}）5 mL，置于烧杯中，加 295 mL 蒸馏水稀释，搅拌均匀，将溶液转移至试剂瓶中保存。

（二）HCl 溶液的标定

准确称取基准 Na_2CO_3 0.13～0.16 g，置于锥形瓶中，加适量蒸馏水溶解，摇匀，加入 2 滴甲基橙指示剂，用待标定的 HCl 溶液滴定至橙色，平行测定三次，计算 HCl 溶液的平均浓度。

五、数据处理

HCl 溶液浓度的标定

平行实验	1	2	3
$m_{Na_2CO_3}$/g			
V_{HCl}/mL			
c_{HCl}/mol·L^{-1}			
相对偏差			
平均 c_{HCl}/mol·L^{-1}			

$$c_{HCl} = \frac{2\,000 m_{Na_2CO_3}}{Mr_{Na_2CO_3} V_{HCl}} (mol \cdot L^{-1}) \quad Mr_{Na_2CO_3} = 105.99$$

思考题

1. 为什么 HCl 溶液配制后要经过标定？
2. 标定 HCl 溶液的浓度除了用基准碳酸钠以外，还可以用何基准物质？
3. 标定 HCl 溶液的浓度为什么可用甲基橙指示剂？能否改用酚酞指示剂？
4. 盛放基准碳酸钠的锥形瓶是否需要干燥？加入的水量是否需要准确？

5.用差减法称取试样的过程中，若称量瓶内的试样吸湿，对称量会造成什么误差？若试样倾入锥形瓶后吸湿，对称量是否有影响？为什么？

实验9 铵盐中氮含量的测定——甲醛法

一、实验目的

1.学习 NaOH 标准溶液的配制。

2.进一步熟悉滴定操作。

3.学习甲醛法测定氮肥中的铵态氮含量的方法。

二、实验原理

肥料、土壤及某些有机物中都含有氮，常常需要测定氮的含量。通常是将试样适当处理，使各种含氮化合物都转化为铵态氮，然后进行测定。有两种常用的测定方法——蒸馏法及甲醛法。甲醛法适用于铵盐中铵态氮的测定，操作简便，应用广泛。

NH_4^+ 是一种弱酸，其 $K_a=5.5\times10^{-10}$，不满足准确滴定的条件（$CK_a\geqslant10^{-8}$），无法用 NaOH 标准溶液直接滴定。但 NH_4^+ 可与 HCHO 作用，生成质子化的六亚甲基四胺（$(CH_2)_6N_4H^+$）及 H^+。$(CH_2)_6N_4H^+$ 的 $K_a=7.1\times10^{-6}$，满足一元弱酸可被 NaOH 标准溶液准确滴定的条件，可以用 NaOH 标准溶液直接滴定。总的来看，相当于 NH_4^+ 与 OH^- 等物质的量反应，根据消耗 NaOH 标准溶液的体积与浓度，可以计算 N 的含量。化学反应及滴定反应如下所示：

$$4NH_4^+ + 6HCHO = (CH_2)_6N_4H^+ + 3H^+ + 6H_2O$$

$$(CH_2)_6N_4H^+ + 3H^+ + 4OH^- = (CH_2)_6N_4 + 4H_2O$$

$$NH_4^+ \sim OH^-$$

滴定反应产物为 $(CH_2)_6N_4$，是一种很弱的碱（$K_b=1.4\times10^{-9}$），溶液的 pH 约为 8.7，选择酚酞为指示剂，滴定至浅粉红色，30 s 不褪色即为终点。

市售甲醛中常含微量的酸，使用前必须以酚酞为指示剂，用 NaOH 标准溶液中和，否则会使测定结果偏高。

邻苯二甲酸氢钾（$KHC_8H_4O_4$，$Mr=204.23\ g\cdot mol^{-1}$，简写为 KHP），摩尔质量大，易提纯，不易吸收水分，是标定 NaOH 溶液的常用基准物质。反应式为：

$$KHC_8H_4O_4 + NaOH = KNaC_8H_4O_4 + H_2O$$

滴定达化学计量点时，溶液呈弱碱性，选择酚酞做指示剂。

三、仪器与试剂

1.仪器　分析天平，台秤，烧杯（500 mL，50 mL），锥形瓶（250 mL），碱式滴定管（50 mL），容量瓶（250 mL），试剂瓶（500 mL），移液管（25 mL），刻度吸量管（10 mL），量筒（100 mL）。

2. 试剂　基准邻苯二甲酸氢钾，NaOH(AR)，甲醛(AR)，酚酞指示剂(0.1%)，甲基红指示剂(0.1%)，硫酸铵试样。

四、实验步骤

(一)NaOH 标准溶液的配制

1. 配制 300 mL 浓度为 0.1 mol·L^{-1}的 NaOH 溶液：

粗略称取 1.2 g NaOH 固体，置于 50 mL 小烧杯中，加少量蒸馏水搅拌至完全溶解，转移至试剂瓶中，加蒸馏水稀释至 300 mL，盖橡胶塞，摇匀，帖标签，备用。

2. 标定：准确称取基准邻苯二甲酸氢钾 0.4～0.6 g，置于锥形瓶中，加 40～50 mL 蒸馏水振荡至完全溶解，加 2 滴酚酞指示剂，用待标定的 NaOH 溶液滴定至浅粉红色，30 s 不褪色即为终点。平行测定三次，计算 NaOH 溶液的平均浓度。

(二)甲醛溶液的预处理

甲醛由于被氧化，常含有微量甲酸，应事先中和。取原装甲醛上层清液于烧杯中，加蒸馏水稀释一倍，加 2 滴酚酞，用标准 NaOH 溶液滴定至浅粉红色。

(三)化肥$(NH_4)_2SO_4$ 试样中氮含量的测定

1. $(NH_4)_2SO_4$ 试液的配制。

准确称取$(NH_4)_2SO_4$ 固体试样 1.3～2.0 g 于小烧杯中，加入少量蒸馏水搅拌至完全溶解，定量转移至 250 mL 容量瓶中，定容，摇匀。

2. $(NH_4)_2SO_4$ 溶液中少量游离酸的去除。

若试样为化肥$(NH_4)_2SO_4$，则其中含有游离硫酸，应事先用 NaOH 中和去除，选用甲基红(变色范围 pH=4.4～6.2)为指示剂，用 NaOH 溶液滴定至溶液由红色变为黄色时即为终点。

若试样为纯$(NH_4)_2SO_4$，则不必除硫酸。

3. $(NH_4)_2SO_4$ 试样中氮含量的测定。

准确移取 25.00 mL $(NH_4)_2SO_4$ 试液，置于锥形瓶中，加入 10 mL HCHO 溶液(1∶1)，加 2 滴酚酞，放置 1 min 后，用 NaOH 标准溶液滴定至微橙红色(若为纯$(NH_4)_2SO_4$，则滴定至浅粉红色)，且 30 s 不褪色即为终点。平行测定三次，计算平均氮含量。

五、数据处理

1. NaOH 溶液浓度的标定：

平行实验	1	2	3
m_{KHP}/g			
V_{NaOH}/mL			
c_{NaOH}/mol·L^{-1}			
相对偏差			
平均 c_{NaOH}/mol·L^{-1}			

$$c_{NaOH}=\frac{1\,000m_{KHP}}{Mr_{KHP}V_{NaOH}}(mol\cdot L^{-1})\quad Mr_{KHP}=204.23$$

2. $(NH_4)_2SO_4$ 试样中 N 含量的测定：

m_s/g			
平行实验	1	2	3
V_s/ mL	25.00	25.00	25.00
V_{NaOH}/mL			
N%			
相对偏差			
平均 N%			

$$N\%=\frac{c_{NaOH}V_{NaOH}Ar_N}{100m_s}\times 100\quad Ar_N=14.01$$

思考题

1. NH_4NO_3，NH_4Cl 或 NH_4HCO_3 中的氮含量能否用甲醛法测定？

2. 尿素 $CO(NH_2)_2$ 中氮含量的测定，先用 H_2SO_4 加热消化，全部变为 $(NH_4)_2SO_4$ 后，按甲醛法同样测定，写出氮含量的计算式。

3. 能否用标准碱溶液直接滴定 NH_4^+？为什么？

4. 若试样为 NH_4NO_3，用本方法测定时，其结果（N%）如何表示？此含氮量中是否包括 NO_3^- 中的氮？

实验10　食醋中总酸量的测定

一、实验目的

1. 掌握酸碱滴定的基本原理、基本操作、指示剂的选择原则。

2. 掌握食醋中总酸量测定的原理和方法。

二、实验原理

食醋中主要成分是醋酸（含 3%～5%），此外，还有少量其他有机弱酸如乳酸等，它们与 NaOH 溶液的反应为：

$$NaOH+CH_3COOH=CH_3COONa+H_2O$$

$$nNaOH+H_nA(有机酸)=Na_nA+nH_2O$$

用 NaOH 标准溶液滴定时，只要是离解常数 $K_a\geqslant 10^{-7}$ 的弱酸都可以被准确滴定，因此，测定的是总酸量。分析结果用含量最多的醋酸来表示。由于是强碱滴定弱酸，滴定突跃在碱性范围内，化学计量点 pH 值在 8.7 左右，通常选用酚酞做指示剂。

三、仪器与试剂

1.仪器　分析天平，台秤，加热装置，烧杯(500 mL，50 mL)，锥形瓶(250 mL)，碱式滴定管(50 mL)，容量瓶(250 mL)，试剂瓶(500 mL)，移液管(25 mL)。

2.试剂　基准邻苯二甲酸氢钾，NaOH(AR)，酚酞指示剂(0.1%)，食醋试样(市售)。

四、实验步骤

(一)NaOH 标准溶液的配制

1.配制 300 mL 浓度为 0.1 mol·L^{-1}的 NaOH 溶液：

粗略称取 1.2 g NaOH 固体，置于 50 mL 小烧杯中，加少量蒸馏水搅拌至完全溶解，转移至试剂瓶中，加蒸馏水稀释至 300 mL，盖橡胶塞，摇匀，贴标签，备用。

2.标定：准确称取基准邻苯二甲酸氢钾 0.4～0.6 g，置于锥形瓶中，加 40～50 mL 蒸馏水振荡至完全溶解，加 2 滴酚酞指示剂，用待标定的 NaOH 溶液滴定至浅粉红色，30 s 不褪色即为终点。平行测定三次，计算 NaOH 溶液的平均浓度。

(二)食醋中总酸量的测定

准确移取 25.00 mL 食醋原液，置于 250 mL 容量瓶中，用煮沸并冷至室温的蒸馏水稀释至刻度，摇匀。

准确移取 25.00 mL 已稀释的食醋，置于 250 mL 锥形瓶中，加 2 滴酚酞指示剂，摇匀，用 NaOH 标准溶液滴定至浅粉红色，30 s 不褪色，即为终点。平行测定三次，计算食醋中平均总酸量。

五、数据处理

1.NaOH 溶液浓度的标定：

平行实验	1	2	3
m_{KHP}/g			
V_{NaOH}/mL			
c_{NaOH}/mol·L^{-1}			
相对偏差			
平均 c_{NaOH}/mol·L^{-1}			

$$c_{NaOH}=\frac{1\,000m_{KHP}}{Mr_{KHP}V_{NaOH}}(\text{mol}\cdot\text{L}^{-1})\qquad Mr_{KHP}=204.23$$

2.食醋中总酸量的测定：

平行实验	1	2	3
V_s/mL	25.00	25.00	25.00
V_{NaOH}/mL			
$c_{HAc}/g\cdot L^{-1}$			
相对偏差			
平均 $c_{HAc}/g\cdot L^{-1}$			

$$c_{HAc}=\frac{c_{NaOH}V_{NaOH}Mr_{HAc}}{V_s}\times\frac{250.0}{25.00}(g\cdot L^{-1})\qquad Mr_{HAc}=60.05$$

思考题

1. 为什么稀释食醋的蒸馏水要经过煮沸？
2. 为什么食醋要经稀释后再测定？
3. 如果稀释后食醋的颜色较深，导致终点无法判断，应如何处理？

实验11　混合碱(Na_2CO_3，$NaHCO_3$)中各组分含量的测定——双指示剂法

一、实验目的

1. 学习使用双指示剂法测定混合碱中各组分的含量。
2. 练习酸碱滴定的基本操作。
3. 学习连续滴定的相关计算。

二、实验原理

工业混合碱通常是指碳酸钠与氢氧化钠或碳酸钠与碳酸氢钠的混合物，常用盐酸标准溶液做滴定剂，先后使用酚酞和甲基橙两种指示剂，在一份试液中连续滴定，从而分别求出混合碱的组成及各组分的含量，该方法叫双指示剂法。此方法方便、快速，在生产中应用普遍。

先在试液中加入酚酞指示剂，用 HCl 标准溶液滴定至红色刚好消失，这一阶段消耗的 HCl 标准溶液的体积记为 V_1。此时，试液中所含的 NaOH 完全被中和，而所含的 Na_2CO_3 被中和成 $NaHCO_3$，其反应式为：

$$NaOH+HCl=NaCl+H_2O\text{(化学计量点 pH=7.0)}$$

$$Na_2CO_3+HCl=NaHCO_3+NaCl\text{(第一化学计量点 pH=8.3)}$$

再向溶液中加入甲基橙指示剂，继续用 HCl 标准溶液滴定至溶液由黄色变为橙色，这一阶段消耗的 HCl 标准溶液的体积记为 V_2。此时，$NaHCO_3$ 进一步被中和成 H_2O 和

CO_2，其反应式为：

$$NaHCO_3+HCl=NaCl+H_2CO_3 \text{(第二化学计量点 pH=3.9)}$$

根据 V_1 和 V_2 的关系，可以判断混合碱的组成：

$V_1>V_2>0$ 时，混合碱的组成为 NaOH 和 Na_2CO_3；

$V_2>V_1>0$ 时，混合碱的组成为 $NaHCO_3$ 和 Na_2CO_3；

$V_1=V_2\neq0$ 时，混合碱只含 Na_2CO_3；

$V_1>0, V_2=0$ 时，混合碱只含 NaOH；

$V_1=0, V_2>0$ 时，混合碱只含 $NaHCO_3$。

假设混合碱的组成为 NaOH 和 Na_2CO_3，则 $V_1>V_2$。根据 V_1，V_2 可以分别计算 NaOH 和 Na_2CO_3 的含量，计算公式如下：

$$\text{NaOH}\%=\frac{c_{HCl}(V_1-V_2)Mr_{NaOH}}{m_s}\times100$$

$$Na_2CO_3\%=\frac{c_{HCl}V_2Mr_{Na_2CO_3}}{m_s}\times100$$

假设混合碱的组成为 $NaHCO_3$ 和 Na_2CO_3，则 $V_2>V_1$。根据 V_1，V_2 可以分别计算 $NaHCO_3$ 和 Na_2CO_3 的含量，计算公式如下：

$$Na_2CO_3\%=\frac{c_{HCl}V_1Mr_{Na_2CO_3}}{m_s}\times100$$

$$NaHCO_3\%=\frac{c_{HCl}(V_2-V_1)Mr_{NaHCO_3}}{m_s}\times100$$

三、仪器与试剂

1. 仪器　分析天平，台秤，加热装置，烧杯（500 mL），锥形瓶（250 mL），酸式滴定管（50 mL），试剂瓶（500 mL），吸量管（10 mL），量筒（100 mL）。

2. 试剂　盐酸 AR（6 mol·L^{-1}），基准无水碳酸钠，混合碱（$Na_2CO_3+NaHCO_3$）样品，甲基橙指示剂（0.1%），酚酞指示剂（0.1%）。

四、实验步骤

（一）HCl 标准溶液的配制

1. 配制 300 mL 浓度为 0.1 mol·L^{-1} 的 HCl 溶液：

移取盐酸溶液（6 mol·L^{-1}）5 mL，置于烧杯中，加 295 mL 蒸馏水稀释，搅拌均匀，将溶液转移至试剂瓶中保存。

2. HCl 溶液浓度的标定：

准确称取基准 Na_2CO_3 固体 0.11～0.16 g，置于锥形瓶中，加 25 mL 蒸馏水振荡至完全溶解，加 2 滴甲基橙指示剂，用 HCl 溶液滴定至橙色，平行测定三次，计算 HCl 溶液的平均浓度。

（二）混合碱中各组分含量的测定

准确称取混合碱样品 0.11～0.16 g，置于锥形瓶中，加 25 mL 蒸馏水振荡至完全溶解，加 2 滴酚酞指示剂，用 HCl 标准溶液滴定至近无色，消耗 HCl 标准溶液的体积为 V_1

(mL)，再加入 2 滴甲基橙指示剂，摇匀，继续用 HCl 标准溶液滴定至橙色。将锥形瓶中的溶液加热煮沸，若仍为橙色，说明 HCl 已过量；若变为黄色，则冷却后继续滴至橙色，消耗 HCl 溶液的总体积为 $V_{总}$(mL)，则 $V_2 = V_{总} - V_1$。平行测定三次。

五、数据处理

1. HCl 溶液浓度的标定：

平行实验	1	2	3
$m_{Na_2CO_3}$/g			
V_{HCl}/mL			
c_{HCl}/ mol·L^{-1}			
相对偏差			
平均 c_{HCl}/ mol·L^{-1}			

$$c_{HCl} = \frac{2\,000 m_{Na_2CO_3}}{Mr_{Na_2CO_3} V_{HCl}} \text{(mol/L)} \quad Mr_{Na_2CO_3} = 105.99$$

2. 混合碱中各组分含量的测定：

平行实验	1	2	3
m_s/g			
V_1/ mL			
V_2/mL			
Na_2CO_3%			
相对偏差			
平均 Na_2CO_3%			
$NaHCO_3$%			
相对偏差			
平均 $NaHCO_3$%			

$$Na_2CO_3\% = \frac{c_{HCl} V_1 Mr_{Na_2CO_3}}{1\,000 m_s} \times 100 \qquad Mr_{Na_2CO_3} = 105.99$$

$$NaHCO_3\% = \frac{c_{HCl}(V_2 - V_1) Mr_{NaHCO_3}}{1\,000 m_s} \times 100 \qquad Mr_{NaHCO_3} = 84.01$$

思考题

1. 如果在滴定过程中所记录的数据发现 $V_{总} < 2V_1$，说明什么问题？
2. 称量基准物无水碳酸钠时应注意什么问题？
3. 本实验中，滴定试样溶液接近终点时为什么要剧烈振荡或将溶液加热煮沸？

实验12　自来水总硬度的测定

一、实验目的

1. 学习 EDTA 标准溶液的配制。
2. 了解配合滴定法测定水硬度的原理、条件和方法。
3. 学会测定水的总硬度的方法。

二、实验原理

Ca^{2+}，Mg^{2+}是自来水中主要存在的金属离子（此外，还含有微量的 Fe^{3+}，Al^{3+}，Cu^{2+}等）。通常以 Ca^{2+}，Mg^{2+}的含量表示水的硬度。水中钙、镁的含量越高，水的硬度就越大。硬度有暂时硬度和永久硬度之分。

暂时硬度——水中含有钙、镁的酸式碳酸盐，如遇热即生成碳酸盐沉淀而失去硬性，反应如下：

$$Ca(HCO_3)_2 = CaCO_3 \downarrow + H_2O + CO_2 \uparrow$$

$$Mg(HCO_3)_2 = MgCO_3 \downarrow + H_2O + CO_2 \uparrow$$

永久硬度——水中含有钙、镁的硫酸盐、氯化物、硝酸盐等，在加热时也不沉淀。

暂时硬度和永久硬度的总和，即水中 Ca^{2+}，Mg^{2+}的总量，称为水的总硬度。

水的硬度的表示方法有多种，随各国的习惯而有所不同。我国将 Ca^{2+}，Mg^{2+}的含量折合成 CaO 的量表示水的硬度，规定1升水中含有10 mg CaO 时，水的硬度为1°。

水的硬度是衡量水质的一项重要指标，硬度对工业用水影响很大，尤其是锅炉用水，硬度较高的水都要经过软化处理并经滴定分析达到一定标准后方可输入锅炉。生活饮用水硬度过高会影响肠胃的消化功能。我国《生活饮用水卫生标准》规定硬度（以 $CaCO_3$ 计）不得超过 450 $mg \cdot L^{-1}$。

按照硬度大小，可将水质进行分类，如表 3.6 所示：

表 3.6　水质的分类

总硬度/°	0～4	4～8	8～16	16～30	>30
水质	极软水	软水	中硬水	硬水	极硬水

测定水的总硬度是采用配位滴定法，以 EBT 为指示剂，在 pH=9～10 的 NH_3-NH_4Cl 缓冲溶液中以 EDTA 标准溶液滴定。若水中含有 Fe^{3+}，Al^{3+}，Cu^{2+}，Zn^{2+}，Pb^{2+}时，会造成 EBT 指示剂的封闭，分别以三乙醇胺及 Na_2S 做掩蔽剂进行掩蔽。

滴定过程中发生的化学反应：

$$Ca^{2+} + Y^{4-} = CaY^{2-}，Mg^{2+} + Y^{4-} = MgY^{2-}$$

近终点时发生的置换反应：

$$Ca^{2+}In + Y^{4-} = CaY^{2-} + In，Mg^{2+}In + Y^{4-} = MgY^{2-} + In$$

$Ca^{2+}In$ 与 $Mg^{2+}In$ 显紫红色，In 显纯蓝色，CaY^{2-} 与 MgY^{2-} 是无色的，因此，到达终点

时，溶液由紫红色变为纯蓝色。

三、仪器与试剂

1. 仪器 分析天平，台秤，加热装置，烧杯(500 mL，50 mL)，锥形瓶(250 mL)，酸式滴定管(50 mL)，容量瓶(250 mL)，试剂瓶(500 mL)，移液管(25 mL)，刻度吸量管(10 mL，5 mL，1 mL)，量筒(100 mL)，表面皿

2. 试剂 $Na_2H_2Y \cdot 2H_2O$(AR)，饱和 $MgCl_2$ 溶液，基准 $CaCO_3$，NH_3-NH_4Cl 缓冲溶液(pH=10)，HCl($6\ mol \cdot L^{-1}$)，铬黑T指示剂(0.5%)，三乙醇胺水溶液(1∶2)，Na_2S 溶液(2%)

四、实验步骤

(一)EDTA标准溶液的配制

1. 配制500 mL浓度为 $0.02\ mol \cdot L^{-1}$ 的EDTA溶液：粗略称取 $Na_2H_2Y \cdot 2H_2O$ 4 g，置于烧杯中，加100 mL蒸馏水，微微加热并搅拌至完全溶解，冷却后转入试剂瓶，加蒸馏水稀释至500 mL，加2滴饱和 $MgCl_2$ 溶液，摇匀，待标定。

2. 标定：准确称取 $CaCO_3$ 固体0.3～0.4 g，置于小烧杯中，先用少量蒸馏水润湿，盖上表面皿，缓慢滴加 $6\ mol \cdot L^{-1}$ HCl溶液至完全溶解，用蒸馏水冲洗表面皿的底部，将溶液定量转移至250 mL容量瓶中，定容，摇匀。

准确移取 Ca^{2+} 标准溶液25.00 mL，置于锥形瓶中，加10 mL NH_3-NH_4Cl 缓冲溶液、2滴EBT指示剂，用EDTA溶液滴定至溶液由紫红色突变为纯蓝色即为终点。平行测定三次，计算EDTA溶液的平均浓度。

(二)自来水总硬度的测定

取一大烧杯自来水(500 mL)，用量筒量取100.0 mL置于锥形瓶中，先后加3 mL三乙醇胺溶液(1∶2)、10 mL NH_3-NH_4Cl 缓冲溶液、1 mL Na_2S 溶液(2%)、4滴EBT指示剂，用EDTA溶液滴定至溶液由紫红色变为纯蓝色即为终点。平行测定三次，计算自来水的平均总硬度。

五、数据处理

1. EDTA溶液的标定：

m_{CaCO_3}/g			
平行实验	1	2	3
V_{CaCl_2}/mL	25.00	25.00	25.00
V_{EDTA}/mL			
$c_{EDTA}/mol \cdot L^{-1}$			
相对偏差			
平均 $c_{EDTA}/mol \cdot L^{-1}$			

$$c_{EDTA}=\frac{100m_{CaCO_3}}{Mr_{CaCO_3}V_{EDTA}}(mol \cdot L^{-1}) \qquad Mr_{CaCO_3}=100.09$$

2. 自来水总硬度的测定：

平行实验	1	2	3
V_s/mL	100.0	100.0	100.0
V_{EDTA}/mL			
总硬度/°			
相对偏差			
平均总硬度/°			

$$总硬度=\frac{c_{EDTA}V_{EDTA}Mr_{CaO}100}{V_s}(度) \qquad Mr_{CaO}=56.08$$

思考题

1. EDTA 溶液的标定可采用两种方法：

(1)用纯金属锌为基准物质，在 pH=5 时，以二甲酚橙为指示剂，进行标定。

(2)用 $CaCO_3$ 为基准物质，在 pH=10 时，以铬黑 T 为指示剂，进行标定。

在测定水的硬度时，哪种方法更合理？为什么？

2. 在 pH=10 时，以铬黑 T 为指示剂，为什么测定的是钙镁总量？

3. 若用 $CaCO_3$ 的含量(ppm)表示水的硬度，该数值表明的是 $CaCO_3$ 的真实含量，这种说法对吗？

4. 水中存在的 Fe^{3+}，Al^{3+}，Cu^{2+} 等对于测定有无影响？应如何消除？

5. 从铬黑 T 与 Ca^{2+}、Mg^{2+} 形成的配合物的稳定常数($\lg K_{CaIn}=5.4$，$\lg K_{MgIn}=7.0$)比较它们的稳定性。当水中 Mg^{2+} 含量很低时，以铬黑 T 作指示剂测定水中 Ca^{2+}、Mg^{2+} 总量，终点不明晰，因此常在水样中先加入少量 MgY^{2-} 配合物，再用 EDTA 滴定，终点颜色变化很鲜明。这样做对测定结果有无影响？说明理由。

实验 13 双氧水中 H_2O_2 含量的测定——高锰酸钾法

一、实验目的

1. 掌握 $KMnO_4$ 标准溶液的配制和标定方法。

2. 学习高锰酸钾法测定 H_2O_2 含量的方法。

二、实验原理

过氧化氢(H_2O_2)在工业、生物和医药等方面应用十分广泛。工业上利用 H_2O_2 的氧化性漂白毛及丝织物，利用 H_2O_2 的还原性除去氯气；医药上常作为消毒和杀菌剂；纯的 H_2O_2 还可用作火箭燃料的氧化剂。由于 H_2O_2 的广泛应用，因此常需要测定它的含量。

H_2O_2 分子中有一个过氧键，在酸性溶液中它是一种强氧化剂，但遇到氧化性更强的

$KMnO_4$ 时，H_2O_2 表现出还原性，二者发生的反应如下：

$$2MnO_4^- + 5H_2O_2 + 6H^+ = 2Mn^{2+} + 5O_2\uparrow + 8H_2O$$

因此，可以在室温条件下，酸性溶液中用 $KMnO_4$ 标准溶液直接测定 H_2O_2 的含量。该反应在酸性溶液中进行，反应开始速率很慢，待 Mn^{2+} 生成后，由于 Mn^{2+} 的催化作用反应速率加快。当达化学计量点时，微过量的 $KMnO_4$ 使溶液显微红色，指示终点到达。

在生物化学中常用这种方法测定过氧化氢酶的活性。例如，血液中存在的过氧化氢酶能使过氧化氢分解，欲测定血液中过氧化氢酶的活性，可以在血液中加入一定量的过量的过氧化氢，作用完后，在酸性条件下，用 $KMnO_4$ 滴定剩余的 H_2O_2，就可以了解过氧化氢酶的活性。

$KMnO_4$ 试剂不纯，含有少量杂质，如 Cl^-，SO_4^{2-}，NO_3^-，MnO_2 等；$KMnO_4$ 本身是强氧化剂，很容易被还原性杂质还原，在配制 $KMnO_4$ 溶液时所用的器皿、试剂、蒸馏水中的还原性杂质都会使 $KMnO_4$ 溶液的浓度发生改变，光照也能促进 $KMnO_4$ 的分解，因此 $KMnO_4$ 标准溶液不能直接配制。用来标定 $KMnO_4$ 的基准物质有草酸（$H_2C_2O_4 \cdot 2H_2O$）、草酸钠（$Na_2C_2O_4$）、三氧化二砷（As_2O_3）等，常用草酸钠。在酸性条件下，$KMnO_4$ 可与 $Na_2C_2O_4$ 定量反应：

$$2MnO_4^- + 16H^+ + 5C_2O_4^{2-} = 2Mn^{2+} + 10CO_2\uparrow + 8H_2O$$

滴定初期，反应速率很慢，$KMnO_4$ 溶液必须逐滴加入，如果滴加过快，部分 $KMnO_4$ 在热溶液中将按照下式分解而造成误差：

$$4KMnO_4 + 2H_2SO_4 = 4MnO_2 + 2K_2SO_4 + 2H_2O + 3O_2\uparrow$$

在滴定过程中逐渐生成的 Mn^{2+} 有催化作用，使反应速率加快。当达化学计量点时，微过量的 $KMnO_4$ 使溶液显微红色，指示终点到达，不需要另加指示剂。

三、仪器与试剂

1. 仪器　分析天平，台秤，恒温水浴锅，加热装置，烧杯（500 mL），玻璃砂心漏斗，抽滤瓶，抽滤装置，锥形瓶（250 mL），酸式滴定管（50 mL），棕色试剂瓶（500 mL），大肚移液管（25 mL），容量瓶（250 mL），吸量管（10 mL、1 mL），量筒（100 mL）。

2. 试剂　$KMnO_4$（AR），基准 $Na_2C_2O_4$，H_2SO_4（3 $mol \cdot L^{-1}$），市售双氧水样品（H_2O_2 含量约 30%）。

四、实验步骤

（一）$KMnO_4$ 标准溶液的配制

1. 配制 500 mL 浓度为 0.02 $mol \cdot L^{-1}$ 的 $KMnO_4$ 溶液：粗略称取 1.7 g $KMnO_4$ 固体，置于烧杯中，加蒸馏水 550 mL，加热煮沸并保持微沸状态半小时，放置一周后，用玻璃砂心漏斗过滤，滤液置于棕色试剂瓶中保存。

2. 标定：准确称取 $Na_2C_2O_4$ 固体 0.15～0.20 g，置于锥形瓶中，加入 40 mL 水和 10 mL H_2SO_4（3 $mol \cdot L^{-1}$），水浴加热至 75℃～85℃，趁热用 $KMnO_4$ 溶液滴定。开始时，滴入的 $KMnO_4$ 溶液颜色消失较慢，应慢滴快摇，待颜色消失再滴入一滴。随着 Mn^{2+} 的生成，反应速度加快，滴定速度可适当加快，临近终点时应放慢速度，同时充分摇动，当溶液显微红色，且 30 s 不褪色即为终点。整个滴定过程中温度不得低于 60℃。平行测定三次，

计算 $KMnO_4$ 溶液的平均浓度。

(二)双氧水中 H_2O_2 含量的测定

移取双氧水样品溶液 1.00 mL,置于 250 mL 容量瓶中,用蒸馏水定容,摇匀。移取稀释后的样品溶液 25.00 mL,置于锥形瓶中,加入 5 mL H_2SO_4($3\ mol \cdot L^{-1}$),用 $KMnO_4$ 溶液滴定至微红色,且 30 s 不褪色即为终点。平行测定三次,计算 H_2O_2 的平均含量。

五、数据处理

1. $KMnO_4$ 溶液浓度的标定:

平行实验	1	2	3
$m_{Na_2C_2O_4}$/g			
V_{KMnO_4}/mL			
c_{KMnO_4}/mol·L^{-1}			
相对偏差			
平均 c_{KMnO_4}/mol·L^{-1}			

$$c_{KMnO_4}=\frac{m_{Na_2C_2O_4}\times 2/5\times 1\,000}{Mr_{Na_2C_2O_4}V_{KMnO_4}}(mol \cdot L^{-1}) \qquad Mr_{Na_2C_2O_4}=134.00$$

2. H_2O_2 含量的测定:

平行实验	1	2	3
V_s/mL	25.00	25.00	25.00
V_{KMnO_4}/mL			
$c_{H_2O_2}$/mg·L^{-1}			
相对偏差			
平均 $c_{H_2O_2}$/mg·L^{-1}			

$$c_{H_2O_2}=\frac{1\,000c_{KMnO_4}V_{KMnO_4}\times 5/2\times Mr_{H_2O_2}}{V_s}\times\frac{250.0}{1.00}(mg \cdot L^{-1})$$

$$Mr_{H_2O_2}=34.015$$

思考题

1. 用高锰酸钾法测定双氧水中 H_2O_2 的含量,为什么要在酸性条件下进行?能否用 HNO_3 或 HCl 代替 H_2SO_4 调节溶液的酸度?

2. 用高锰酸钾法测定双氧水中 H_2O_2 的含量时,溶液能否加热?为什么?

3. 配制 $KMnO_4$ 溶液时应该注意什么问题?

4. 配制 $KMnO_4$ 溶液时为什么要把溶液煮沸?配好的溶液为什么要置于棕色试剂瓶中保存?

5. 取两份已稀释的血液各 1.00 mL,一份加热 5 min,使其中过氧化氢酶破坏。然后在两份血液中加入等量的 H_2O_2,混匀后放置 30 min,分别加 10 mL H_2SO_4($3\ mol \cdot L^{-1}$)(此时未加热血液中的过氧化氢酶亦被破坏),用 $0.020\,04\ mol \cdot L^{-1}$ $KMnO_4$ 标准溶液滴定。经加热过的血液用去 $KMnO_4$ 标准溶液 27.48 mL，未加热的用去 24.41 mL，求在 30 min 内，100 mL 血液中过氧化氢酶能分解多少 H_2O_2？

实验14　水中化学需氧量(COD)的测定——酸性高锰酸钾法

一、实验目的

1. 了解测定化学需氧量(COD)的意义。
2. 掌握酸性高锰酸钾法测定水中COD的分析方法。

二、实验原理

需氧量的大小是衡量水质污染程度的主要指标之一，它分为化学需氧量（Chemical Oxygen Demand，简称COD）和生物需氧量（Biologic Oxygen Demand，简称BOD）两种。BOD是指水中有机物发生生物过程时所需要氧的量，用每升中 O_2 的质量(mg)表示。本实验只测定COD。

水中化学需氧量的大小是量度水体受还原性物质污染程度的综合性指标之一，是环境保护和水质控制中经常需要测定的项目。水体中易被氧化剂氧化的还原性物质所消耗的氧化剂的量，可以换算成相应氧量来表示，单位为 $mg \cdot L^{-1}$。COD值越高表明水体受污染越严重。不同条件下测定的COD是不同的，因此必须严格控制实验条件。

COD的测定方法有三种：酸性高锰酸钾法，记为 COD_{Mn}（酸性）；碱性高锰酸钾法，记为 COD_{Mn}（碱性）；重铬酸钾法，记为 COD_{Cr}。重铬酸钾法适用于污染比较严重的工业污水及生活废水；高锰酸钾法适合于测定地表水、饮用水等污染不严重的水质。用高锰酸钾法测定的COD值又称为高锰酸盐指数。

酸性高锰酸钾法的测定方法：向被测水样中定量加入过量的 $KMnO_4$ 溶液，加热，使 $KMnO_4$ 与水样中的还原性物质充分反应，剩余的 $KMnO_4$ 则加入一定量过量的 $Na_2C_2O_4$ 还原，过量的 $Na_2C_2O_4$ 再用 $KMnO_4$ 返滴定，由此计算COD。反应方程式为：

$$2MnO_4^- + 5C_2O_4^{2-} + 16H^+ = 2Mn^{2+} + 10CO_2\uparrow + 8H_2O$$

反应开始速率很慢，待 Mn^{2+} 生成后，由于 Mn^{2+} 的催化作用反应速率加快。当达化学计量点时，微过量的 $KMnO_4$ 使溶液显微红色，指示终点到达，不需要另加指示剂。

$KMnO_4$ 试剂不纯，含有少量杂质，如 Cl^-，SO_4^{2-}，NO_3^-，MnO_2 等；$KMnO_4$ 本身是强氧化剂，很容易被还原性杂质还原，在配制 $KMnO_4$ 溶液时所用的器皿、试剂、蒸馏水中的还原性杂质都会使 $KMnO_4$ 溶液的浓度发生改变，光照也能促进 $KMnO_4$ 的分解，因此 $KMnO_4$ 标准溶液不能直接配制。用来标定 $KMnO_4$ 的基准物质有草酸（$H_2C_2O_4 \cdot 2H_2O$）、草酸钠（$Na_2C_2O_4$）、三氧化二砷（As_2O_3）等，常用草酸钠。在酸性条件下，$KMnO_4$ 可与 $Na_2C_2O_4$ 定量反应：

$$2MnO_4^- + 16H^+ + 5C_2O_4^{2-} = 2Mn^{2+} + 10CO_2\uparrow + 8H_2O$$

滴定初期，反应速率很慢，$KMnO_4$ 溶液必须逐滴加入，如果滴加过快，部分 $KMnO_4$ 在热溶液中将按照下式分解而造成误差：

$$4KMnO_4 + 2H_2SO_4 = 4MnO_2 + 2K_2SO_4 + 2H_2O + 3O_2\uparrow$$

在滴定过程中逐渐生成的Mn^{2+}有催化作用，使反应速率加快。当达化学计量点时，微过量的$KMnO_4$使溶液显微红色，指示终点到达，不需要另加指示剂。

三、仪器与试剂

1. 仪器　分析天平，台秤，恒温水浴锅，烧杯(500 mL，50 mL)，锥形瓶(250 mL)，酸式滴定管(50 mL)，棕色试剂瓶(500 mL)，容量瓶(250 mL)，刻度吸量管(10 mL)，量筒(100 mL)。

2. 试剂　$KMnO_4$(AR)，基准$Na_2C_2O_4$，H_2SO_4($6\ mol \cdot L^{-1}$)。

四、实验步骤

(一)$KMnO_4$溶液的配制

配制200 mL浓度为$0.005\ mol \cdot L^{-1}$的$KMnO_4$溶液。将上次实验13中使用剩余的$0.02\ mol \cdot L^{-1}$的$KMnO_4$溶液稀释4倍即可。

(二)$Na_2C_2O_4$溶液的配制

准确称取基准$Na_2C_2O_4$约0.55 g，置于小烧杯中，加少量蒸馏水溶解，定量转移至250 mL容量瓶中，定容，摇匀。

(三)水样COD值的测定

量取自来水100.0 mL，置于锥形瓶中，加10 mL H_2SO_4($6\ mol \cdot L^{-1}$)，摇匀后，用滴定管准确加入$KMnO_4$溶液10.00 mL，摇匀，将锥形瓶置于沸水浴中加热30 min，使还原性物质充分被氧化。取出稍冷后(～80℃)，准确加入$Na_2C_2O_4$标准溶液10.00 mL，摇匀，此时溶液应为无色，保持温度在70～80℃，用$KMnO_4$溶液滴定至微红色，30 s不褪色即为终点，$KMnO_4$溶液的用量为V_1(mL)。平行测定三次。

(四)$KMnO_4$与$Na_2C_2O_4$溶液的换算因数K的测定

在锥形瓶中加入蒸馏水100.0 mL、10 mL H_2SO_4($6\ mol \cdot L^{-1}$)、$Na_2C_2O_4$标准溶液10.00 mL，摇匀，水浴加热70～80℃，用$KMnO_4$溶液滴定至微红色，30 s不褪色即为终点，$KMnO_4$溶液的用量为V_2(mL)。平行测定三次，计算K[①]的平均值。

五、数据处理

1. $KMnO_4$与$Na_2C_2O_4$溶液的换算因数K的测定：

平行实验	1	2	3
$V_{Na_2C_2O_4}$/mL	10.00	10.00	10.00
V_2/mL			
K			
相对偏差			
平均K			

① K的含义为：1 mL $KMnO_4$溶液相当于多少毫升$Na_2C_2O_4$标准溶液。

$$K=\frac{10.00}{V_2}$$

2. 水样 COD 值的测定：

$m_{Na_2C_2O_4}$ /g			
$c_{Na_2C_2O_4}$ / mol·L^{-1}			
平行实验	1	2	3
V_s / mL	100.0	100.0	100.0
加入 V_{KMnO_4} /mL	10.00	10.00	10.00
加入 $V_{Na_2C_2O_4}$ /mL	10.00	10.00	10.00
V_1 /mL			
COD_{Mn}(酸性)/mg·L^{-1}			
相对偏差			
平均 COD_{Mn}(酸性)/ mg·L^{-1}			

$$COD_{Mn}(\text{酸性})=\frac{[(10.00+V_1)\times K-10.00]c_{Na_2C_2O_4}\times Ar_0\times 1\,000}{V_s}(\text{mg}\cdot\text{L}^{-1})$$

$$Ar_0=15.99$$

思考题

1. 讨论测定 COD 的意义。

2. COD 的测定为什么要采用返滴定法？

3. 水样中加入一定量的 $KMnO_4$ 溶液并在沸水浴中加热 30 min 后，该溶液应当是什么颜色？若溶液无色说明什么问题？应如何处理？

4. 废水中 Cl^- 对测定结果有何影响？可以采用哪些方法避免这种影响？

实验 15　土壤中腐殖质含量的测定——重铬酸钾法

一、实验目的

1. 了解重铬酸钾法的基本原理和方法。

2. 用重铬酸钾法测定土壤中腐殖质的含量。

二、实验原理

腐殖质是土壤中结构复杂的有机物质，其含量与土壤的肥力有密切关系。

重铬酸钾法测定腐殖质，是基于在浓 H_2SO_4 存在下，用已知过量的 $K_2Cr_2O_7$ 溶液与土壤共热，使其中的碳被氧化，而多余的 $K_2Cr_2O_7$，以邻二氮菲—亚铁为指示剂，用标准

$(NH_4)_2Fe(SO_4)_2$ 溶液滴定，以消耗的 $K_2Cr_2O_7$ 计算有机碳含量，再换算成腐殖质含量。反应式为：

$$2K_2Cr_2O_7+8H_2SO_4+3C=2Cr_2(SO_4)_3+2K_2SO_4+3CO_2\uparrow+8H_2O$$

$$K_2Cr_2O_7+6(NH_4)_2Fe(SO_4)_2+7H_2SO_4=$$
$$Cr_2(SO_4)_3+3Fe_2(SO_4)_3+6(NH_4)_2SO_4+K_2SO_4+7H_2O$$

本实验中，由于土壤中腐殖质的氧化率平均只能达到 90%，故需乘以校正系数 1.1 才能代表土壤中腐殖质的含量。

三、仪器与试剂

1. 仪器　分析天平，台秤，油浴加热装置，白色试剂瓶(1 L)，棕色试剂瓶(100 mL)，容量瓶(1 000 mL)，锥形瓶(250 mL)，大肚移液管(25.00 mL)，刻度吸量管(10 mL)，量筒(100 mL)，硬质试管，漏斗，标准筛(100 目)。

2. 试剂　$K_2Cr_2O_7$(AR)，浓 H_2SO_4(AR)，H_2SO_4($2\ mol\cdot L^{-1}$)，邻菲络啉(AR)，$(NH_4)_2Fe(SO_4)_2\cdot 6H_2O$(AR)。

(1)$0.07\ mol\cdot L^{-1}$ $K_2Cr_2O_7$ 的 H_2SO_4 溶液配制：称取 40 g 研细的分析纯 $K_2Cr_2O_7$，溶于 500 mL 蒸馏水中，加热至溶解，冷却后稀释至 1 L；再缓缓分次加入 1 L 化学纯浓 H_2SO_4，不断搅拌，冷却后装入试剂瓶中。

(2)邻二氮菲－亚铁指示剂配制：称取 1.49 g 邻二氮菲、7 g $(NH_4)_2Fe(SO_4)_2\cdot 6H_2O$，溶于 100 mL 蒸馏水中，混匀，贮存于棕色试剂瓶中。

(3)H_2SO_4($2\ mol\cdot L^{-1}$)配制：100 mL 浓 H_2SO_4 缓慢加入 800 mL 蒸馏水中贮存，待用。

四、实验步骤

(一)$0.017\ mol\cdot L^{-1}$ $K_2Cr_2O_7$ 标准溶液的配制

准确称取 5 g 左右在 140℃下烘干的分析纯 $K_2Cr_2O_7$，溶于少量蒸馏水中，转移至 1 000 mL容量瓶中，定容，摇匀，计算其准确浓度。

(二)$(NH_4)_2Fe(SO_4)_2$ 标准溶液的配制

1. 粗略配制 1 L $(NH_4)_2Fe(SO_4)_2$ 溶液($0.1\ mol\cdot L^{-1}$)：粗略称取 40 g $(NH_4)_2Fe(SO_4)_2\cdot 6H_2O$，溶于 120 mL H_2SO_4($2\ mol\cdot L^{-1}$)中，加水稀释至 1 L。

2. 标定：准确移取 25.00 mL $K_2Cr_2O_7$ 标准溶液，置于 250 mL 锥形瓶中，加 25 mL H_2SO_4($2\ mol\cdot L^{-1}$)，加 3 滴邻菲络啉指示剂，用$(NH_4)_2Fe(SO_4)_2$ 溶液滴定至绿色恰变为砖红色即为终点，平行测定三次，计算$(NH_4)_2Fe(SO_4)_2$ 溶液的平均浓度。

(三)土壤中腐殖质含量的测定

准确称取通过 100 目筛子的风干土样 0.1～0.5 g，放入一硬质试管中(注意勿沾在管壁上)。准确加入 10 mL $0.07\ mol\cdot L^{-1}$ $K_2Cr_2O_7$ 的 H_2SO_4 溶液。在试管口加一小漏斗，以冷凝煮沸时蒸出的水汽。将试管放在 170～180℃油浴中加热，使溶液沸腾 5 min。取出试管，拭净管外油质，加少许水稀释，将管内物质仔细地洗入 250 mL 锥形瓶中。反复用蒸馏水洗涤试管及漏斗数次(控制溶液总量不超过 70 mL，以保持溶液的酸度)。加入 3 滴邻二氮菲-亚铁指示剂，用$(NH_4)_2Fe(SO_4)_2$标准溶液滴定至绿色恰变为砖红色即为终点。同时做空白测定。

空白测定是用纯砂或灼烧过的土壤代替土样，其他手续与土壤测定相同。按照下式计算土壤中腐殖质的质量分数(w)：

$$w=\frac{0.25(V_0-V)c}{m_s}\times 0.0207\times 1.1\times 100\%$$

式中，V_0为空白测定所消耗的$(NH_4)_2Fe(SO_4)_2$标准溶液的体积(mL)；V为试样所消耗的$(NH_4)_2Fe(SO_4)_2$标准溶液的体积(mL)；c为$(NH_4)_2Fe(SO_4)_2$标准溶液的浓度($mol\cdot L^{-1}$)；m_s为试样的质量(g)；0.020 7为1 mmol碳相当于腐殖质的质量(g)。

五、数据处理

1. $(NH_4)_2Fe(SO_4)_2$溶液浓度的标定：

平行实验	1	2	3
$V_{K_2Cr_2O_7}$/mL	25.00	25.00	25.00
$V_{(NH_4)_2Fe(SO_4)_2}$/mL			
$c_{(NH_4)_2Fe(SO_4)_2}$/$mol\cdot L^{-1}$			
相对偏差			
平均$c_{(NH_4)_2Fe(SO_4)_2}$/$mol\cdot L^{-1}$			

$$c_{(NH_4)_2Fe(SO_4)_2}=\frac{6c_{K_2Cr_2O_7}V_{K_2Cr_2O_7}}{V_{(NH_4)_2Fe(SO_4)_2}}(mol\cdot L^{-1})$$

2. 土壤中腐殖质含量的测定：

平行实验	1	2	3
m_s/g			
$V_{(NH_4)_2Fe(SO_4)_2}$/mL			
w/%			
相对偏差			
平均w/%			

$$w=\frac{0.25(V_0-V_{(NH_4)_2Fe(SO_4)_2})c_{(NH_4)_2Fe(SO_4)_2}}{m_s}\times 0.0207\times 1.1\times 100\%$$

思考题

1. 试与高锰酸钾法比较，说明重铬酸钾法的特点。

2. 本实验所用的0.07 $mol\cdot L^{-1}$ $K_2Cr_2O_7$的H_2SO_4溶液，其浓度为什么不需要很准确，而标定$(NH_4)_2Fe(SO_4)_2$时用的0.017 $mol\cdot L^{-1}$ $K_2Cr_2O_7$溶液，其浓度却要求很准确？

实验16　维生素C含量的测定——直接碘量法

一、实验目的

1. 学习直接碘量法测定维生素C的原理和方法。
2. 学会碘标准溶液的配制方法。

二、实验原理

维生素C又称丙种维生素，用于预防和治疗坏血病，因此又称为抗坏血酸，分子式为$C_6H_8O_6$，相对分子质量为176.13。由于其分子中的烯二醇基具有还原性，能被I_2定量地氧化为二酮基，故可用直接碘量法测定其含量，反应如下：

```
          O                                      O
          ‖                                      ‖
          C─────┐                                C─────┐
          |     |                                |     |
   HO─────C     |                         O══════C     |
          ‖     O                                |     O
   HO─────C     |     +I2    ══           O══════C     |    +2HI
          |     |                                |     |
     H────C─────┘                           H────C─────┘
          |                                      |
   HO─────C────H                          HO─────C────H
          |                                      |
        CH2OH                                  CH2OH
```

维生素C的还原性很强，在空气中极易被氧化，尤其在碱性介质中更甚，因此在测定时加入醋酸以减少副反应。

由于I_2的升华会在称量时引起损失，并且I_2蒸气对天平零件有腐蚀作用，因此I_2标准溶液多采用间接配制法。I_2在纯水中的溶解度很小，通常利用I^-与I_2生成I_3^-来增大溶解度，同时也减少了I_2的挥发损失。I_2标准溶液可以用As_2O_3基准物直接标定，也可以用$Na_2S_2O_3$标准溶液间接标定。由于As_2O_3有剧毒，本实验用$Na_2S_2O_3$标准溶液来标定I_2溶液。发生的反应如下：

$$2S_2O_3^{2-}+I_2=S_4O_6^{2-}+2I^-$$

由于光照和受热都能促使溶液中I^-被空气氧化，因此，I_2标准溶液应装入棕色试剂瓶中，置于暗处保存。由于$Na_2S_2O_3\cdot 5H_2O$不纯，常含有S^{2-}，S，SO_3^{2-}等杂质，且容易风化，溶液也不稳定，细菌、微生物、CO_2、O_2、光等使其分解，因此$Na_2S_2O_3$标准溶液不能直接配制。

$Na_2S_2O_3$溶液的标定是利用$K_2Cr_2O_7$能氧化I^-生成I_2，用$Na_2S_2O_3$滴定生成的I_2。发生的反应如下：

$$Cr_2O_7^{2-}+6I^-+14H^+=2Cr^{3+}+3I_2+7H_2O$$

$$2S_2O_3^{2-}+I_2=S_4O_6^{2-}+2I^-$$

采用淀粉指示剂，近终点时加入，终点时溶液颜色变为亮蓝绿色即为终点。

三、仪器与试剂

1. 仪器　分析天平，台秤，加热装置，量筒(100 mL)，棕色酸式滴定管(50 mL)，棕色试剂瓶(250 mL，500 mL)，烧杯(500 mL，50 mL)，锥形瓶(250 mL)，碘量瓶(250 mL)，大肚移液管(25 mL)，刻度吸量管(10 mL，5 mL，2 mL，1 mL)，量筒(100 mL)，研钵。

2. 试剂　基准 $K_2Cr_2O_7$，HAc(6 mol·L^{-1})，HCl(6 mol·L^{-1})，$Na_2S_2O_3 \cdot 5H_2O$(AR)，Na_2CO_3(AR)，KI(AR)，KI(20%)，淀粉指示剂(1%)，市售维生素C片剂。

四、实验步骤

(一)$K_2Cr_2O_7$ 标准溶液的配制

准确称取基准 $K_2Cr_2O_7$ 1.225 8 g 置于小烧杯中，加少量蒸馏水搅拌至完全溶解，定量转移至 250 mL 容量瓶中，定容，摇匀，得到 0.016 67 mol/L 的 $K_2Cr_2O_7$ 标准溶液。

(二)$Na_2S_2O_3$ 溶液的配制与标定

1. 配制 500 mL 浓度为 0.1 mol·L^{-1} 的 $Na_2S_2O_3$ 溶液：取 550 mL 蒸馏水加热煮沸 10 min，加入 12 g $Na_2S_2O_3 \cdot 5H_2O$，0.1 g Na_2CO_3 固体，搅拌至完全溶解，将溶液置于棕色试剂瓶中，于暗处放置一周。

2. 标定：准确移取 $K_2Cr_2O_7$ 标准溶液 25.00 mL 置于碘量瓶中，加 5 mL HCl 溶液(6 mol·L^{-1})和 10 mL KI 溶液(20%)，加盖水封，摇匀后于暗处放置 5 min。加 20 mL H_2O 稀释，立即用待标定的 $Na_2S_2O_3$ 溶液滴定至淡黄色，加 1 mL 淀粉指示剂(1%)，继续滴定至亮蓝绿色即为终点，平行测定三次，计算 $Na_2S_2O_3$ 溶液的平均浓度。

(三)I_2 溶液的配制与标定

1. 配制 250 mL 浓度为 0.05 mol·L^{-1} 的 I_2 溶液：粗略称取 3.3 g I_2、5 g KI 置于研钵中，在通风橱中加少量水研磨，待全部溶解后，转入棕色试剂瓶中，用水洗涤研钵数次，溶液转入试剂瓶中，稀释至 250 mL，摇匀。

2. 标定：准确移取 25.00 mL $Na_2S_2O_3$ 标准溶液，置于锥形瓶中，加入 50 mL 蒸馏水和 1 mL 淀粉指示剂，用待标定的 I_2 溶液滴定至蓝色，30 s 内不褪色即为终点。平行测定三次，计算 I_2 溶液的平均浓度。

(四)药用维生素C片剂中维生素C含量的测定

准确称取两片维生素C片剂，置于锥形瓶中，加入 100 mL 新煮沸并冷却至室温的蒸馏水和 10 mL HAc，浸泡至完全溶解，加入 2 mL 淀粉指示剂(1%)，立即用 I_2 标准溶液滴定至溶液呈现稳定的蓝色即为终点。平行测定三次，计算维生素C的平均含量。

五、数据处理

1. $Na_2S_2O_3$ 溶液浓度的标定：

$c_{K_2Cr_2O_7}$ /mol·L^{-1}	0.016 67		
平行实验	1	2	3
$V_{K_2Cr_2O_7}$ /mL	25.00	25.00	25.00
$V_{Na_2S_2O_3}$ /mL			
$c_{Na_2S_2O_3}$ /mol·L^{-1}			
相对偏差			
平均 $c_{Na_2S_2O_3}$ /mol·L^{-1}			

$$c_{Na_2S_2O_3}=\frac{6c_{K_2Cr_2O_7}V_{K_2Cr_2O_7}}{V_{Na_2S_2O_3}}(\text{mol}\cdot\text{L}^{-1})$$

2. I_2 溶液浓度的标定：

平行实验	1	2	3
$V_{Na_2S_2O_3}$ /mL	25.00	25.00	25.00
V_{I_2} /mL，c_{I_2} /mol·L^{-1}			
相对偏差			
平均 c_{I_2} /mol·L^{-1}			

$$c_{I_2}=\frac{c_{Na_2S_2O_3}V_{Na_2S_2O_3}}{2V_{I_2}}(\text{mol}\cdot\text{L}^{-1})$$

3. 药用维生素 C 片剂中维生素 C 含量的测定

平行实验	1	2	3
m_s/g			
V_{I_2} /mL			
相对偏差			
平均 V_C%			

$$V_C\%=\frac{c_{I_2}V_{I_2}Mr_{V_C}}{m_s}\times 100 \qquad Mr_{V_C}=176.13$$

思考题

1. 溶解维生素 C 片剂时，为什么要加入 HAc？
2. 溶解维生素 C 片剂时，为什么要用新煮沸并冷却至室温的蒸馏水？
3. 为什么要用棕色酸式滴定管盛放 I_2 标准溶液？

实验17　自来水中氯的测定——莫尔法

一、实验目的

1. 了解沉淀滴定法测定水中微量 Cl^- 含量的方法。
2. 学习沉淀滴定的基本操作。

二、实验原理

可溶性氯化物中氯含量的测定一般采用莫尔法。该法是在中性或弱碱性介质中，以 K_2CrO_4 指示剂，用 $AgNO_3$ 标准溶液进行滴定，可以直接滴定 Cl^- 或 Br^-。由于 AgCl 的溶解度比 Ag_2CrO_4 小，因此在滴定过程中，当 Cl^- 与 CrO_4^{2-} 共存时，首先生成白色 AgCl 沉淀，当 Cl^- 沉淀完全后，微过量的 Ag^+ 与 CrO_4^{2-} 生成砖红色的 Ag_2CrO_4 沉淀，指示终点的到达。反应如下：

$$Ag^+ + Cl^- = AgCl\downarrow \text{（白色）} \quad K_{sp}=1.77\times10^{-10}, c=1.3\times10^{-5}\ mol\cdot L^{-1}$$

$$2Ag^+ + CrO_4^{2-} = Ag_2CrO_4\downarrow \text{（砖红色）} \quad K_{sp}=1.12\times10^{-12}, c=7.9\times10^{-5}\ mol\cdot L^{-1}$$

滴定必须在中性或弱碱性溶液中进行，最适宜的 pH 范围为 6.5～10.5。指示剂的用量对测定结果也有影响，一般以 $5.0\times10^{-3}\ mol\cdot L^{-1}$ 为宜。

凡是与 Ag^+ 生成难溶性化合物或配合物的阴离子（如 PO_4^{3-}，S^{2-}，SO_3^{2-}，CO_3^{2-}，$C_2O_4^{2-}$，AsO_4^{2-}，NH_3，CN^- 等）或与 CrO_4^{2-} 生成难溶化合物的阳离子（如 Pb^{2+}，Ba^{2+}，Hg^{2+} 等）均干扰测定。另外，在中性及弱碱性条件下水解的离子（如 Fe^{3+}，Al^{3+}，Bi^{3+}，Sn^{4+} 等）也不应存在。

莫尔法只能测定 Cl^- 或 Br^-，不能测 I^- 或 SCN^-，因为 AgI，AgSCN 强烈吸附 I^- 或 SCN^-，使终点提前出现，产生负误差。

莫尔法的应用较广泛，生活用水、工业用水、环境水质监测以及一些化工产品（如粗盐）、药品（如生理盐水）、食品（如酱油）中氯的测定都可使用莫尔法。

三、仪器与试剂

1. 仪器　分析天平，台秤，烧杯（50 mL），锥形瓶（250 mL），酸式滴定管（25 mL），容量瓶（250 mL），试剂瓶（500 mL），移液管（25 mL），量筒（100 mL）。

2. 试剂　$AgNO_3$（AR），基准 NaCl，K_2CrO_4 指示剂（5%）。

四、实验步骤

（一）$AgNO_3$ 标准溶液的配制

1. 配制 100 mL $AgNO_3$ 溶液（$0.05\ mol\cdot L^{-1}$）：粗略称取 0.85 g $AgNO_3$，溶解于 100 mL 蒸馏水中，摇匀后储存于带玻璃塞的棕色试剂瓶中，待标定。

2. 标定：准确称取 0.7～0.8 g 基准 NaCl，置于小烧杯中，用蒸馏水溶解后定量转移至

250 mL 容量瓶中，定容，摇匀。准确移取该 NaCl 溶液 25.00 mL，置于锥形瓶中，加入 1 mL K_2CrO_4 指示剂，用 $AgNO_3$ 溶液滴定至呈现微砖红色即为终点。平行测定三次，计算 $AgNO_3$ 溶液的平均浓度。

（二）自来水中微量氯的测定

量取 100.0 mL 自来水水样于锥形瓶中，加 1 mL K_2CrO_4 指示剂，用标准 $AgNO_3$ 溶液滴定至呈现微砖红色即为终点。平行测定三次，计算自来水中微量氯的平均含量。

五、数据处理

1. $AgNO_3$ 溶液浓度的标定：

m_{NaCl}/g			
平行实验	1	2	3
V_{NaCl}/mL	25.00	25.00	25.00
V_{AgNO_3}/mL			
c_{AgNO_3}/mol·L^{-1}			
相对偏差			
平均 c_{AgNO_3}/mol·L^{-1}			

$$c_{AgNO_3}=\frac{100\ m_{NaCl}}{Mr_{NaCl}V_{AgNO_3}}(\text{mol}\cdot\text{L}^{-1})\qquad Mr_{NaCl}=58.44$$

2. 自来水中氯的测定：

平行实验	1	2	3
V_s/mL	100.0	100.0	100.0
V_{AgNO_3}/mL			
c_{Cl^-}/mg·L^{-1}			
相对偏差			
平均 c_{Cl^-}/mg·L^{-1}			

$$c_{Cl^-}=\frac{1\,000c_{AgNO_3}V_{AgNO_3}\times Ar_{Cl}}{V_s}(\text{mg}\cdot\text{L}^{-1})\qquad Ar_{Cl}=35.45$$

思考题

1. 指示剂用量的过多或过少，对测定结果有何影响？

2. 为什么不能在酸性介质中进行？pH 过高对测定结果有何影响？

3. 能否用标准 NaCl 溶液直接滴定 Ag^+？如果要用此法测定试样中的 Ag^+，应如何进行？

4. 测定有机物中的氯含量应如何进行？

实验18　铁的比色测定

一、实验目的

1. 学习比色法测定铁的原理和方法。
2. 了解分光光度计的构造和使用方法。
3. 学习绘制吸收曲线的方法。
4. 掌握用标准曲线法进行定量分析的方法。

二、实验原理

微量铁的测定有邻二氮菲法、磺基水杨酸法、硫氰酸盐法等。由于邻二氮菲法的选择性高、重现性好，因此在我国的国家标准(GB)中，许多冶金产品和化工产品中铁含量的测定都采用邻二氮菲法。

邻二氮菲(又称邻菲咯啉，简写为phen)在pH＝2～9的水溶液中与Fe^{2+}发生下列反应：$Fe^{2+}+3phen=[Fe(phen)_3]^{2+}$，生成的橙红色的$[Fe(phen)_3]^{2+}$配离子的$\lg K_{稳}=21.3$，摩尔吸光系数$\varepsilon_{max}=1.1\times10^4\ L\cdot mol^{-1}\cdot cm^{-1}$。

该显色反应的适宜pH范围很宽，且其色泽与pH无关，但为了避免Fe^{2+}水解及其他离子的影响，通常在pH约为5的HAc-NaAc缓冲介质中测定。

邻二氮菲与Fe^{3+}也能生成淡蓝色配合物，但其稳定性较低，因此在使用邻二氮菲法测铁时，显色前应先用还原剂如盐酸羟胺($NH_2OH\cdot HCl$)或对苯二酚将Fe^{3+}全部还原为Fe^{2+}。本实验用盐酸羟胺做还原剂。

$$4Fe^{3+}+2NH_2OH=4Fe^{2+}+4H^{+}+N_2O+H_2O$$

用眼睛直接观察试液与标准溶液颜色的深浅，以粗略测定试液浓度的方法，称为目视比色法。常用的目视比色法是标准色阶法，即在一套粗细、厚度及质量相同的比色管中，加入体积逐渐增多的标准溶液、等体积的试剂，再稀释到同一刻度，作成标准色阶。另取一同样比色管，加入试液后按照与制作标准色阶同样的操作条件下显色，将试液的颜色与标准色阶对照，即可估计试液的浓度。该法操作方便，但准确度不高。

利用分光光度法进行准确测定时，通常选择吸光物质的最大吸收波长λ_{max}作为入射波长，因为此时摩尔吸光系数最大，测定灵敏度最高。测定吸光物质在不同波长下的吸光度A，绘制A-λ吸收曲线，即可求得该吸光物质的最大吸收波长λ_{max}。

标准曲线法是定量测定最常使用的方法。先配制一系列不同浓度的被测物质的标准溶液，在选定的条件下显色，在最大吸收波长下测定其相应的吸光度，绘制A-c标准曲线。根据朗伯-比尔定律：$A=\varepsilon bc$，在一定的浓度范围内标准曲线应为一条斜率为εb的过原点的直线。另取试液经适当处理后，在与上述相同的条件下显色，测定，由测得的吸光度从标准曲线上查出相应的浓度值，就可求出被测物质的含量。

三、仪器与试剂

1. 仪器　722 型分光光度计，分析天平，1 cm 比色皿，比色管（25 mL），容量瓶（25 mL），刻度吸量管（2 mL，1 mL），烧杯（50 mL），容量瓶（250）。

2. 试剂　$NH_4Fe(SO_4)_2 \cdot 12H_2O$（AR），HCl（6 mol·$L^{-1}$），HAc-NaAc 缓冲溶液（1 mol·$L^{-1}$，pH=5），phen（0.15%），$NH_2OH \cdot HCl$（10%）。

四、实验步骤

（一）$NH_4Fe(SO_4)_2$ 标准溶液的配制

准确称取 0.215 9 g $NH_4Fe(SO_4)_2 \cdot 12H_2O$，置于小烧杯中，加入少量水及 20 mL HCl，搅拌至完全溶解后定量转移至 250 mL 容量瓶中，定容，摇匀。此溶液中 Fe^{3+} 的浓度为 100 μg·mL^{-1}。

（二）目视比色法粗略测定

取 6 支 25 mL 比色管，按下表加入试剂：

	1	2	3	4	5	6
Fe^{3+} 标准溶液/mL	0	0.20	0.40	0.60	0.80	
含铁水样/mL						2.00
$NH_2OH \cdot HCl$/mL	0.50	0.50	0.50	0.50	0.50	0.50
phen/mL	1.00	1.00	1.00	1.00	1.00	1.00
HAc-NaAc/mL	1.00	1.00	1.00	1.00	1.00	1.00

用去离子水冲稀至刻度，摇匀，放置几分钟，观察 6 号比色管中溶液的颜色，通过此色估计水样溶液的浓度。

（三）吸收曲线的绘制

取一支 25 mL 容量瓶，分别加入 0.50 mL Fe^{3+} 标准溶液，0.50 mL $NH_2OH \cdot HCl$，1.00 mL HAc-NaAc，1.00 mL phen，用去离子水定容，摇匀，放置几分钟，以去离子水为参比，用 1 cm 比色皿，在 400～580 nm 测定吸光度 A，以 A 为纵坐标，以波长 λ 为横坐标，作吸收曲线图，找出最大吸收波长 λ_{max}。

（四）分光光度法测定

以 1 号比色管中溶液为参比，使用 1 cm 比色皿，在 510 nm 处分别测定其余几支比色管中溶液的吸光度 A。

五、数据处理

以 A 为纵坐标，以加入标准 Fe^{3+} 溶液的体积为横坐标，作工作曲线，从工作曲线上查出水样对应的标准 Fe^{3+} 溶液的体积，再计算水样中 Fe 的含量。

思考题

1. 从实验测出的吸光度求铁含量的依据是什么？如何求得？

2. 邻二氮菲光度法测定微量铁，为何要加入盐酸羟胺？

3. 什么是吸收曲线？什么是最大吸收波长？

实验19　磷钼蓝吸光光度法测定钢铁中磷的含量

一、实验目的

1. 学习磷钼蓝吸光光度法测定钢铁中磷含量的原理及操作。

2. 学会722型分光光度计的使用。

二、实验原理

磷主要以固熔体、游离的磷化物（如 Fe_3P）、矿渣夹杂物的磷酸盐等形式存在于钢铁中。磷在钢中常被认为是有害元素，因为磷能促使钢冷脆而使冲击韧性降低，所以钢中含磷量一般应小于0.05%，而且某些特殊用途的钢还有具体要求。

目前测定磷最常用的是吸光光度法，包括磷钼蓝法和磷矾钼黄法。其中，磷矾钼黄法灵敏度较低（$\varepsilon_{365nm}=6\ 100\ L\cdot mol^{-1}\cdot cm^{-1}$），适用于含磷量较高的试样。

磷钼蓝法系将生成的黄色磷钼杂多酸用还原剂还原成磷钼杂多蓝而进行测定。本实验采用 $SnCl_2$-NaF 做还原剂。试样经稀硝酸等氧化性酸溶解后，大部分磷以正磷酸形式存在，少部分以亚磷酸（H_3PO_3）形式存在，因此需要加入高锰酸钾将其氧化为正磷酸。然后加入钼酸铵使之生成黄色磷钼杂多酸，之后加入 $SnCl_2$-NaF 溶液，使磷钼杂多酸还原成磷钼杂多蓝（$H_3PO_4\cdot 8MoO_3\cdot 2Mo_2O_5$ 或 $H_3PO_4\cdot 10MoO_3\cdot Mo_2O_5$），用吸光光度法在600 nm波长处测定吸光度。

此方法中的主要反应如下：

$$3Fe_3P+41H^++14NO_3^-=3H_3PO_4+9Fe^{3+}+16H_2O+14NO\uparrow$$

也有部分以偏磷酸及低级氧化物的亚磷酸形式存在：

$$3Fe_3P+41H^++14NO_3^-=3HPO_3+9Fe^{3+}+19H_2O+14NO\uparrow$$

$$Fe_3P+13H^++4NO_3^-=H_3PO_3+3Fe^{3+}+5H_2O+4NO\uparrow$$

在煮沸过程中，偏磷酸能逐渐转化为正磷酸；亚磷酸用高锰酸钾之类的氧化剂处理，以保证磷以正磷酸形式存在：

$$5H_3PO_3+2MnO_4^-+6H^+=5H_3PO_4+2Mn^{2+}+3H_2O$$

溶液中 Mn^{2+} 与过量的高锰酸钾形成二氧化锰沉淀：

$$3Mn^{2+}+2MnO_4^-+7H_2O=5MnO_2\cdot H_2O+4H^+$$

$MnO_2\cdot H_2O$ 的形成标志着全部磷化物已完全氧化为正磷酸。二氧化锰沉淀及过量的高锰酸钾用亚硝酸钠还原：

$$MnO_2\cdot H_2O+NO_2^-+2H^+=Mn^{2+}+NO_3^-+2H_2O$$

$$2MnO_4^-+5NO_2^-+6H^+=2Mn^{2+}+5NO_3^-+3H_2O$$

正磷酸生成磷钼杂多酸（或称磷钼黄）反应式为：

$$H_3PO_4 + 12H_2MoO_4 = H_7[P(Mo_2O_7)_6] + 10H_2O$$

控制形成磷钼黄时的酸度十分重要，本实验是在热溶液中反应，控制 2 $mol \cdot L^{-1}$酸度。

本实验适用于碳素钢及低合金钢。

三、仪器与试剂

1. 仪器　722 型分光光度计，分析天平，台秤，加热装置，烧杯(200 mL)，容量瓶(1 000 mL，50 mL)，刻度吸量管(20 mL，10 mL，5 mL，2 mL)，表面皿。

2. 试剂　钼酸铵溶液(5%水溶液中含 4%酒石酸钾钠)，$KMnO_4$ 溶液(4%)，$NaNO_2$ 溶液(1%)，尿素溶液(10%)，HNO_3 溶液(1∶3)，H_2SO_4 溶液(9 $mol \cdot L^{-1}$)，NaF(AR)，$SnCl_2$(AR)。

3. 溶液的配制：

(1)$SnCl_2$-NaF 溶液的配制：称取 2.4 g NaF 溶于 100 mL 水中，必要时加热，再加入 0.2 g $SnCl_2$，搅拌溶解，当天使用。

(2)磷标准储备液的配制：称取在 105℃干燥过的 1.165 1 g $Na_2HPO_4 \cdot 12H_2O$，溶解于少量水中，加入 2 mL H_2SO_4 溶液(9 $mol \cdot L^{-1}$)，转移至 1 L 容量瓶中，用水稀释至刻度，摇匀，所得溶液含磷 100 $\mu g \cdot mL^{-1}$。

(3)磷标准溶液的配制：吸取一定量的上述溶液稀释 10 倍，得到 10 $\mu g \cdot mL^{-1}$磷标准溶液。

四、实验步骤

(一)试样的预处理

准确称取 0.1 g 钢样于小烧杯中，盖上表面皿，滴加 10 mL HNO_3 溶液，加热溶解(溶样时要避免大火加热，否则将导致硝酸蒸发过多，影响酸度)。煮沸约 15 s，除去氮的氧化物，滴加 $KMnO_4$ 溶液至试液呈稳定的红色，微沸约 30 s，滴加 $NaNO_2$ 溶液使 MnO_2 沉淀全部溶解，微沸至无黄烟，驱除氮的氧化物后，立即加入 5 mL 钼酸铵溶液后再迅速加入 20 mL $SnCl_2$-NaF 溶液，2～5 mL 尿素溶液，放置 4 min 后，用自来水冷却至室温，转移至 50 mL 容量瓶中，用水稀释至刻度线，摇匀。

(二)标准曲线的绘制

用磷标准溶液按上述同样操作，显色，在 660 nm 波长下测定吸光度，同时测定试液吸光度，绘制标准曲线。测定完毕后，必须把比色皿冲洗干净，以免氟化物腐蚀比色皿。

五、数据处理

以 A 为纵坐标，以加入磷标准溶液的体积为横坐标，作工作曲线，从工作曲线上查出钢样对应的磷标准溶液的体积，再计算钢样中磷的含量。

思考题

1. 加入 $SnCl_2$ 的作用是什么？

2. 能否用盐酸溶解钢样？为什么？

实验20　乙醚的制备

一、实验目的

1. 掌握实验室制乙醚的原理与方法
2. 初步掌握低沸点易燃液体的操作要点。

二、实验原理

主反应：

$$CH_3CH_2OH \xrightleftharpoons[140℃]{H_2SO_4} CH_3CH_2OCH_2CH_3$$

副反应：

$$CH_3CH_2OH \xrightleftharpoons[170℃]{H_2SO_4} CH_2=CH_2$$

$$CH_3CH_2OH \xrightarrow{[O]} CH_3CHO \xrightarrow{[O]} CH_3COOH$$

三、仪器与试剂

1. 仪器　三口烧瓶，直形冷凝管，接收器，滴液漏斗，分液漏斗，温度计，锥形瓶，量筒。
2. 试剂　乙醇，浓硫酸，氢氧化钠溶液，饱和氯化钠溶液，饱和氯化钙溶液，无水氯化钙。

四、实验步骤

在100 mL干燥的三口瓶中加入13 mL 95%乙醇，在三口上分别安装温度计、滴液漏斗及蒸馏装置。将烧瓶浸入冰水浴中冷却，缓慢加入12 mL浓硫酸混匀，滴液漏斗内盛有25 mL 95%乙醇，漏斗脚末端与温度计的水银球必须浸入液面以下距瓶底0.5～1 cm，加入2粒沸石。加热套加热，使反应瓶温度比较迅速上升到140℃，开始由滴液漏斗慢慢滴加乙醇，控制滴加速度与馏出液速度大致相等(1d/s)①，维持反应温度在135～145℃，约0.5 h滴加完毕，再继续加热，直到温度上升到160℃，去掉热源②，停止反应。

用8 mL 5% NaOH溶液③、8 mL饱和NaCl溶液、8 mL饱和$CaCl_2$溶液洗涤两次。

---

① 若滴加速度明显超过馏出速度，不仅乙醇未作用就被蒸出，而且会使反应液的温度骤降，减少醚的生成。

② 使用或精制乙醚的实验台附近严禁火种，所以当反应完成拆下作接收器的蒸馏烧瓶之前必须先灭火。同样，在精制乙醚时的热水浴必须在别处预先热好热水(或用恒温水浴锅)，使其达到所需温度，而决不能一边用明火一边蒸馏。

③ 用氢氧化钠洗后，常会使醚层碱性太强，接下来直接用氯化钙溶液洗涤时会有氢氧化钙产生为减少乙醚在水中的溶解度以及洗去残留的碱，故在用氯化钙洗前先用饱和氯化钠洗。另外，氯化钙和乙醇能形成复合物$CaCl_2 \cdot 4CH_3CH_2OH$。因此，未作用的乙醇也可以被除去。

并用无水氯化钙干燥，在水浴中蒸馏，收集沸点在33～38℃的馏分[①]。

思考题

1. 制备乙醚时，滴液漏斗的末端应浸入反应液中，为什么？
2. 本实验中，可采取什么措施增大反应的产率？
3. 本反应中主要杂质有哪些？如何除去？
4. 反应温度过高或过低对反应有什么影响？

实验21　乙酸乙酯的制备

一、实验目的

1. 掌握由醇和羧酸制备酯的方法。
2. 练习分液漏斗的使用及蒸馏操作。

二、实验原理

乙酸乙酯是由乙酸和乙醇在少量浓硫酸催化作用下制得的。

反应式：

$$CH_3COOH + CH_3CH_2OH \xrightleftharpoons{H_2SO_4} CH_3COOCH_2CH_3 + H_2O$$

副反应：

$$CH_3CH_2OH \xrightleftharpoons[140℃]{H_2SO_4} CH_3CH_2OCH_2CH_3$$

反应中，浓硫酸除起催化作用外，还吸收反应生成的水，使反应有利于乙酸乙酯的生成。若反应温度超过130℃，则促使副反应发生，生成乙醚。

由于酯化反应是可逆反应，一般只有2/3的原料转化成酯，为了获得高产率的酯，本实验采用增加醇的用量及不断将产物酯和水蒸出的措施，使平衡向右移动[②]。

三、仪器与试剂

1. 仪器　圆底烧瓶，温度计，分液漏斗，直形冷凝管，接受管，锥形瓶。

2. 试剂　乙醇，乙酸，浓硫酸，饱和碳酸钠溶液，饱和氯化钠溶液，饱和氯化钙溶液，无水硫酸钠。

四、实验步骤

在50 mL的圆底烧瓶中加入6 mL无水乙醇和3.8 mL乙酸，再慢慢地加入1.6 mL

① 乙醚与水形成共沸物(沸点34.15℃，含水1.26%)，馏分中还含有少量乙醇，故沸程较长。

② 为了提高酯的产率，采用增加醇的用量，这主要是由于醇的价格便宜，易回收，但副反应也与醇的过量有关。

浓硫酸,加入几粒沸石。不断摇动,使其混合均匀。在烧瓶上安装回流冷凝管,用电热套以较低的电压加热①,使溶液保持微沸,回流约 0.5 h,冷却后,改为蒸馏装置,蒸出约 2/3 的液体。当蒸馏液泛黄,馏出速度减慢,停止蒸馏。

在馏出液中慢慢加入饱和碳酸钠溶液(约 3.8 mL),以除去未反应的乙酸,直至不再有二氧化碳气体产生为止。将此混合液移至分液漏斗中,充分振荡(注意放气),然后静置,分去下层水溶液。有机层先用 5 mL 饱和食盐水洗涤一次②以除去过量的碳酸钠,降低酯的溶解度。再用 5 mL 饱和氯化钙溶液洗涤,以除去未反应的乙醇。弃去下层液,将有机层从分液漏斗上口倒入干燥的 50 mL 锥形瓶中,加入适量无水硫酸钠(或无水硫酸镁)干燥③。将干燥后的酯过滤到 50 mL 的蒸馏瓶中,蒸馏收集 73～78℃的馏分。称量,计算产率。

思考题

1. 酯化反应的特点是生么?在本实验中采取哪些措施促使酯化反应尽量向生成酯的方向进行?
2. 本实验中硫酸起什么作用?
3. 为什么乙酸乙酯产品不用无水氯化钙而用无水硫酸钠进行干燥?
4. 简述本实验精制乙酸乙酯时加饱和碳酸钠、饱和食盐水、饱和氯化钙、无水硫酸镁的作用。

实验 22　正溴丁烷的制备

一、实验目的

1. 学习以结构上相对应的醇为原料制备一卤代烷的方法。
2. 学习带有吸收有害气体装置的安装和使用。

二、实验原理

主反应:

---

① 温度太高,副产物增加。

② 当产品用饱和碳酸钠溶液洗后,直接用饱和氯化钙溶液洗涤,会产生碳酸钙絮状物,使分离困难。因此,要先用饱和食盐水洗去过量的碳酸钠,由于乙酸乙酯在水中有一定的溶解度,为了减少酯的损失,用饱和食盐水代替水进行洗涤。

③ 乙酸乙酯与水或醇形成共沸混合物,使沸点降低,因而使产率降低,所以必须充分洗涤和充分干燥。乙酸乙酯和水或醇以及三者混合形成共沸物的组成和沸点如下:

沸点(℃)	组成(%)		
	乙酸乙酯	乙醇	水
70.2	82.6	8.4	9
70.4	91.9	—	8.1
71.8	69.0	31.0	—

$$NaBr + H_2SO_4 \longrightarrow HBr + NaHSO_4$$

$$n\text{-}C_4H_9OH + HBr \xrightleftharpoons{\triangle} n\text{-}C_4H_9Br + H_2O$$

副反应：

$$CH_3CH_2CH_2CH_2OH \xrightleftharpoons[\triangle]{H_2SO_4} CH_3CH_2CH{=\!=}CH_2 + CH_3CH{=\!=}CHCH_3$$

$$2CH_3CH_2CH_2CH_2OH \xrightleftharpoons[\triangle]{H_2SO_4} CH_3CH_2CH_2CH_2OCH_2CH_2CH_2CH_3$$

三、仪器与试剂

1. 仪器　圆底烧瓶，直形冷凝管，接收器，分液漏斗，气体吸收装置，温度计。

2. 试剂　正丁醇，溴化钠，饱和碳酸氢钠溶液，浓硫酸，无水氯化钙。

四、实验步骤

在 100 mL 圆底烧瓶中加入 10 mL 水，并小心地加入 14.5 mL 浓硫酸，混合均匀后冷至室温①。再依次加入 9.5 mL 正丁醇和 12.5 g 研细的溴化钠，充分摇振后加入几粒沸石，安装回流冷凝管，冷凝管的上口接一气体吸收装置。将烧瓶用电热套加热至沸，调节电压使反应物保持沸腾而又平稳地回流，并不时摇动烧瓶促使反应完成。由于无机盐水溶液有较大的相对密度，不久会分出的上层液体即是正溴丁烷。回流约需 1 h。待反应液冷却后，移去冷凝管，加上蒸馏头，改为蒸馏装置，蒸出粗产物正溴丁烷②。

将馏出液移至分液漏斗中，加入 10 mL 水洗涤③，分出水层。产物转入另一干燥的分液漏斗中，用 5 mL 浓硫酸洗涤④，尽量分去硫酸层后，有机相依次用 10 mL 水、10 mL 饱和碳酸氢钠溶液和 10 mL 水洗涤⑤，后转入干燥的锥形瓶中。用 1～2 g 黄豆粒大小的无水氯化钙干燥，间歇摇动锥形瓶，直至液体清亮为止。

将干燥好的产物过滤到蒸馏瓶中，在石棉网上加热蒸馏，收集 99～103℃的馏分。

思考题

1. 加料时，先加溴化钠和硫酸混合，再加正丁醇和水，可以么？若不可以，为什么？

2. 反应后粗产品可能含哪些杂质，各步洗涤的目的何在？

3. 用分液漏斗洗涤产物时，产物时而在上层，时而在下层，可用什么简单方法判断？

---

① 如不充分冷却到室温，加入溴化钠，会被热的浓硫酸氧化，溶液会变红色。

② 正溴丁烷是否蒸完，可从下面几方面判断：

a. 流出液是否变澄清。若澄清表明蒸馏已经完成。

b. 反应瓶中的油层是否消失。若油层消失，表明蒸馏已经完成。

c. 取一试管接少许水，接几滴流出液，观察有无油珠出现，若没有，表明蒸馏已完成。

③ 如水洗产物变红色，是由于硫酸氧化产生溴，可加入几毫升亚硫酸氢钠溶液除去红色。

④ 硫酸可除去粗产品中少量未反应的正丁醇和副产物正丁醚等杂质。否则它们可以和正溴丁烷形成共沸物而难以除去。

⑤ 各步洗涤，须注意何层取之，何层弃之，如不知密度大小，可根据水溶性判断。

实验 23　己二酸的制备

一、实验目的

1. 学习环己醇氧化制备己二酸的原理和了解由醇氧化制备羧酸的常用方法。

2. 练习掌握电动搅拌、抽滤等实验操作。

二、实验原理

制备羧酸最常用的方法是烯、醇和醛等的氧化法。常用的氧化剂有硝酸、重铬酸钾(钠)的硫酸溶液、高锰酸钾、过氧化氢及过氧乙酸等。本实验采用硝酸为氧化剂，氧化环己醇制备己二酸。反应式如下：

OH

$$\xrightarrow{[O]}$$

O

$$\xrightarrow{[O]}$$

COOH

COOH

三、仪器与试剂

1. 仪器　三口烧瓶，直形冷凝管，恒压滴液漏斗，气体吸收装置，抽滤装置，温度计，量筒。

2. 试剂　环己醇，硝酸，偏钒酸铵。

四、实验步骤

在 100 mL 三口烧瓶中，加入 12 mL50％硝酸①和少许偏钒酸铵，三口烧瓶的三个口分别安装温度计(水银球浸入液面以下)、回流冷凝管和恒压滴液漏斗，冷凝管上端接一气体吸收装置，用 100 mL 碱液吸收反应中产生的氧化氮气体②，恒压滴液漏斗中加入 4 mL 环己醇③，先滴加 3～4 滴到三口烧瓶。

水浴加热三口烧瓶，升温至 50℃，瓶内有红棕色气体放出，移去水浴，不断震荡，慢慢滴加剩余的环己醇，不断调节滴加速度④，使瓶内温度维持在 50～60℃之间(注意温度的变化，温度升高，用冰水冷却，温度降低用水浴加热)，约需 10 min。滴加完后继续振荡，并加热到 80～90℃，保持 10 min，至无红棕色气体放出。将反应液倒入 50 mL 的烧杯中，冷却析出己二酸。抽滤，用 15 mL 冷水洗涤⑤，得粗产品。

---

① 环己醇和硝酸不能用同一个量筒量取，二者相遇发生剧烈反应。

② 本实验产生的氧化氮为有毒气体，所以实验最好在通风橱内进行，产生的气体不可逸散在实验室内，仪器装置要求严密，如有漏气现象，应立即暂停实验，改正后再继续。

③ 环己醇熔点为 24℃，室温下为黏稠液体，为减少转移时的损失，可用少量水冲洗量筒，并入滴液漏斗中。

④ 反应为强烈的放热反应，因此必须控制环己醇的滴加速度，避免反应过于剧烈，引起爆炸。

⑤ 己二酸在不同温度下的溶解度如下表：

温度(℃)	15	34	50	70	100
溶解度(g/100 g 水)	1.44	3.08	8.46	34.1	100

粗产品用 5 mL 水为溶剂重结晶，称量，计算产率，测定熔点。

思考题

1. 制备羧酸的常用方法有哪些？
2. 实验中为何控制反应温度和环己醇的滴加速度？

实验 24　甲基橙的制备

一、实验目的

1. 学习重氮化反应和偶合反应的原理，掌握甲基橙的制备方法。
2. 学习重氮化反应及偶联反应在有机合成中的应用。
3. 进一步练习过滤、洗涤、重结晶等基本操作。

二、实验原理

甲基橙是酸碱指示剂，它是由对氨基苯磺酸重氮盐与 N，N-二甲基苯胺的醋酸盐，在弱酸性介质中偶合得到的。偶合首先得到的是亮红色的酸式甲基橙，称为酸性黄，在碱中酸性黄转变为橙黄色的钠盐，即甲基橙。

反应式：

重氮盐的制备：

$$HO_3S-C_6H_4-NH_2 \xrightarrow{NaOH} {}^{\ominus}O_3S-C_6H_4-NH_2 \xrightarrow[0\sim5℃]{NaNO_2,HCl} {}^{\ominus}O_3S-C_6H_4-\overset{\oplus}{N}\equiv N$$

偶联反应：

$${}^{\ominus}O_3S-C_6H_4-\overset{\oplus}{N}\equiv N \xrightarrow[HOAc]{C_6H_5N(CH_3)_2} {}^{\ominus}O_3S-C_6H_4-N=N-C_6H_4-\overset{\oplus}{N}H(CH_3)_2 \xrightleftharpoons{\text{质子迁移}}$$

$${}^{\ominus}O_3S-C_6H_4-\overset{\oplus}{N}H=N-C_6H_4-N(CH_3)_2 \xrightarrow{NaOH} NaO_3S-C_6H_4-N=N-C_6H_4-N(CH_3)_2$$

酸性黄(红色)

三、仪器与试剂

1. 仪器　烧杯、温度计、抽滤装置。

2. 试剂　对氨基苯磺酸，N，N-二甲基苯胺，5%氢氧化钠溶液，亚硝酸钠，浓盐酸，冰醋酸，乙醇，乙醚，淀粉-碘化钾试纸。

四、实验步骤

（一）重氮盐的制备

在50 mL烧杯中、加入1 g对氨基苯磺酸结晶[①]和5 mL5%氢氧化钠溶液，温热使结晶溶解，用冰盐浴冷却至0℃以下。另在一试管中配制0.4 g亚硝酸钠和3 mL水的溶液。将此配制液也加入烧杯中。维持温度0～5℃[②]，在搅拌下，慢慢用滴管滴入1.5 mL浓盐酸和5 mL水溶液，直至用淀粉-碘化钾试纸检测呈现蓝色为止[③]，继续在冰盐浴中放置15 min，使反应完全，这时往往有白色细小晶体析出。

（二）偶合反应

在试管中加入0.7 mL N,N-二甲基苯胺和0.5 mL冰醋酸，并混匀。在搅拌下将此混合液缓慢加到上述冷却的重氮盐溶液中，加完后继续搅拌10 min。缓缓加入约15 mL 5%氢氧化钠溶液，直至反应物变为橙色（此时反应液为碱性）。甲基橙粗品呈细粒状沉淀析出。

将反应物置沸水浴中加热5 min，冷却后，再放置冰浴中冷却，使甲基橙晶体析出完全。抽滤，依次用少量水、乙醇和乙醚洗涤，压紧抽干。干燥后得粗品约1.5 g。

粗产品用1%氢氧化钠进行重结晶[④]。待结晶析出完全，抽滤，依次用少量水、乙醇和乙醚洗涤，压紧抽干，得片状结晶。产量约1 g。

将少许甲基橙溶于水中，加几滴稀盐酸，然后再用稀碱中和，观察颜色变化。

思考题

1. 在重氮盐制备前为什么还要加入氢氧化钠？如果直接将对氨基苯磺酸与盐酸混合后，再加入亚硝酸钠溶液进行重氮化操作行吗？为什么？

2. 制备重氮盐为什么要维持0～5℃的低温，温度高有何不良影响？

3. 重氮化为什么要在强酸条件下进行？偶合反应为什么要在弱酸条件下进行？

实验25　从茶叶中提取咖啡因

一、实验目的

1. 掌握从茶叶中提取咖啡因的操作方法。

2. 掌握索氏提取器的使用方法。

---

① 对氨基苯磺酸为两性化合物，酸性强于碱性，它能与碱作用成盐而不能与酸作用成盐。

② 重氮化过程中，应严格控制温度，反应温度若高于5℃，生成的重氮盐易水解为酚，降低产率。

③ 若试纸不显色，需补充亚硝酸钠溶液。

④ 重结晶操作要迅速，否则由于产物呈碱性，在温度高时易变质，颜色变深。用乙醇和乙醚洗涤的目的是使其迅速干燥。

二、实验原理

茶叶中含有多种生物碱，咖啡因（又称咖啡碱）是其中主要的一种，占1%～5%。另外还含有11%～12%的丹宁酸（或称鞣酸），约0.6%的色素、纤维素、蛋白质等。

咖啡因为嘌呤的衍生物，化学名称是1，3，7-三甲基-2-6-二氧嘌呤，其结构式如下：

咖啡因具有刺激心脏、兴奋大脑神经和利尿等作用，因此可用作中枢神经兴奋药，也是复方阿司匹林等药物的组分之一。

现代制药工业多用合成方法来制得咖啡因。而从茶叶中提取咖啡因，是用适当的溶剂（氯仿、乙醇、苯等）在索氏提取器中连续抽提，然后浓缩而得到粗咖啡因[①]。粗咖啡因中还含有一些其他的生物碱和杂质，可利用升华进一步提取。

三、仪器与试剂

1. 仪器　索氏提取器，蒸发皿，普通蒸馏装置。
2. 试剂　茶叶，95%乙醇，生石灰（CaO）粉，偏钒酸铵。

四、实验步骤

（一）咖啡因的提取实验

方法一：连续萃取法

称取茶叶末10 g，装入索氏提取器的滤纸套筒内[②]，在烧瓶中加入100 mL 95%的乙醇，用电热套加热。连续萃取2～3 h，待虹吸液颜色很淡，待提取器内提取液刚刚虹吸下去，停止加热。将提取液转入250 mL蒸馏瓶内，安装普通蒸馏装置，蒸馏回收大部分乙醇（约80 mL）。然后把残液趁热倾入蒸发皿中，加入3～4 g生石灰粉[③]，调制至糊状，不断搅拌下，在电热套上蒸干。最后焙炒片刻，使水分全部除去[④]，冷却后，擦去沾在边上的粉末，以免升华时污染产物。即得咖啡因粗产物。

取一只合适的玻璃漏斗，罩在隔以刺有许多小孔的滤纸的蒸发皿上，用电热套小心加

---

① 无水咖啡因的熔点为238℃，但含结晶水的咖啡因在100℃失去结晶水开始升华，120℃升华非常显著，170℃以上升华加快。

② 滤纸套大小既要紧贴器壁，又能方便放置，其高度不得超过虹吸管，滤纸包茶叶末时要严防漏出而堵塞虹吸管，纸套上面盖一层滤纸，以保证回流液均匀浸透被萃取物。

③ 生石灰的作用除吸水外，还可中和除去部分酸性杂质（如鞣酸）。

④ 如留有少量水分。会在下一步升华开始时带来一些烟雾。

热升华[1]。当纸上出现白色针状结晶时,要适当控制电压或暂时关闭电源,尽可能使升华速度放慢,提高结晶程度,如发现有棕色烟雾时,即升华完毕,停止加热。冷却后,揭开漏斗和滤纸,仔细地把附在纸上及器皿周围的咖啡碱结晶用小刀刮下,残渣经拌和后,再加热升华一次。合并两次升华收集的咖啡因,测定熔点。如产品中带有颜色和含有杂质,也可用热水重结晶提纯。可得到产品为45~65 mg。

方法二:浸取法

在500 mL烧杯中,加入20 g碳酸钠和250 mL蒸馏水,称取25 g茶叶,用纱布包好后放入烧杯中,煮沸30 min,勿使溶液起泡溢出(烧杯口可盖上表面皿)。稍冷后,抽滤,将黑色滤液转入500 mL分液漏斗。加入50 mL二氯甲烷,振摇1 min,静置分层,此时在两相界面产生乳化层[2]。在一小玻璃漏斗的颈口放置小团棉花,棉花上放置约1cm厚度的无水硫酸镁。通过此玻璃漏斗,将分液漏斗下层的有机相滤入一干燥的锥形瓶中,并用2~3 mL二氯甲烷淋洗干燥剂。分液漏斗中水相再加入50 mL二氯甲烷,萃取分层后,通过重新加入干燥剂的玻璃漏斗,合并有机相。如果过滤后的有机相含有少量的水,可重复上述操作,锥形瓶中收集的有机相应是清凉透明的。

将有机相干燥后,分批转入50 mL圆底烧瓶,加入几粒沸石,水浴蒸馏回收二氯甲烷,并用水泵将溶剂抽干。将含咖啡因的残渣溶于最少量的丙酮,慢慢加入石油醚(60~90℃),至溶液恰好混浊为止,冷却结晶,用玻璃漏斗抽滤收集产物,干燥后称重。

(二)咖啡因性质实验

(1)提取液的定性检验:取样品提取液滴于干燥的白色磁板(或白色点滴板)上,喷上酸性碘-碘化钾试剂,可见到棕色、红紫色、蓝紫色化合物生成。棕色表示有咖啡因存在,红紫色表示有茶碱存在,蓝紫色表示有可可豆碱存在。

(2)咖啡因的定性检验:取样品液2~4 mL置于磁坩埚中,加热蒸去溶剂,加盐酸1 mL溶解,加入0.1 g $KClO_3$,在通风橱内加热蒸发,待干,冷却后滴加氨水数滴,残渣即变为紫色。

思考题

1. 方法一中用到生石灰,方法二中用到碳酸钙,各自所起的作用是什么?
2. 方法二中回收二氯甲烷时,馏出液为什么出现混浊?

实验26 离心泵特性曲线的测定

一、实验目的

1. 了解离心泵的结构和特性,熟悉离心泵操作。

---

① 升华操作是实验成功的关键,升化过程中始终都应严格控制加热温度,温度太高,会发生碳化。从而将一些有色物带入产品。再升华时,也要严格控制加热温度。

② 乳化层通过硫酸镁干燥剂时可被破坏。

2. 掌握离心泵特性曲线的表示方法和测定方法。

3. 了解泵在运行时可能发生的汽蚀现象。

二、实验原理

离心泵是工业上最常用的液体输送机械之一。其主要性能包括流量、扬程、轴功率、有效功率、效率、转速等。每台泵都有自己的特性曲线，而泵使用时，又总是安装于某一特定的管路之中，因此管路也有管路特性曲线。只有掌握了离心泵的工作原理、主要性能参数、特性曲线的测定及应用，离心泵工作点的选择，才能合理选择和正确使用离心泵。

（一）离心泵特性曲线的测定

离心泵的特性曲线是离心泵选用和操作的重要依据。离心泵的性能参数取决于泵的内部结构、叶轮形式及转速。其中理论压头与流量的关系，可通过对泵内液体质点运功的理论分析得到，如图 3.1 中的曲线。由于流体流经泵时，不可避免地会遇到种种阻力，产生能量损失，诸如摩擦损失、环流损失等，因此，实际压头比理论压头小，且难以通过计算求得，为此通常采用实验方法，直接测定各参数间的关系。

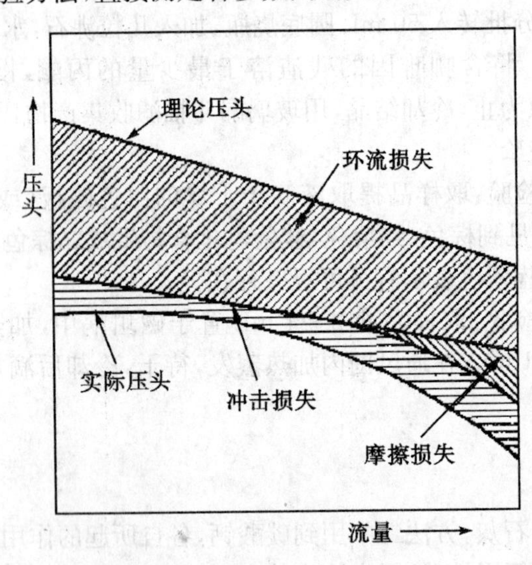

图 3.1 离心泵的理论压头与实际压头

在一定转速下，离心泵的扬程 H_e、有效功率 N_e、轴功率 N 及效率 η 均随实际流量 Q 的变化而变化。通常将 $H_e \sim Q$、$N \sim Q$ 和 $\eta \sim Q$ 三条曲线称为离心泵的特性曲线。通过实验测出一定转速下扬程、轴功率和效率与流量的关系，就可以做出泵在该转速下的特性曲线。

各种泵的特性曲线均已列入泵的样本中，供选泵时参考。本实验目的之一就是要了解和掌握这些曲线的测定方法。

(1)扬程 H_e-Q 图：

$$H_e = \frac{p_2 - p_1}{\rho g} + h_0 + \frac{u_2^2 - u_1^2}{2g} \tag{26-1}$$

式中，h_0——两测压截面之间的垂直距离，360 mm；

p_1——真空表所处截面的绝对压力,MPa;

p_2——压力表所处截面的绝对压力,MPa;

ρ——液体密度,kg/m^3;

u_1——泵进口管流速,$m \cdot s^{-1}$;

u_2——泵出口管流速,$m \cdot s^{-1}$。

由于离心泵的进、出管径相同,由连续性方程知 $u_1=u_2$,因此扬程 He 的最终计算式为:

$$H_e=\frac{p_2-p_1}{\rho g}+h_0[m] \tag{26-2}$$

(2)有效功率 N_e-Q 图:

$$N_e=\frac{H_eQ\rho g}{1\ 000}=\frac{H_eQ\rho}{102}[kW] \tag{26-3}$$

(3)效率 ηQ 图:

$$\eta=\frac{N_e}{N} \tag{26-4}$$

式中,N_e——离心泵的有效功率,kW;

N——离心泵的轴功率,kW。

泵的轴功率是由泵配置的电机提供的,而输入电机的电能在转变成机械能时亦存在一定的损失,因此,工程上有意义的是测定离心泵的总效率(包括电机效率和传动效率)。

$$\eta_{总}=\frac{N_e}{N_{电}} \tag{26-5}$$

式中,$N_{电}$——离心泵与电机的总功耗,kW,可由功率表直接测出。

(4)流量 Q 可用体积法(用秒表计时,用装置中的水箱记录体积)测定。

(二)观察离心泵汽蚀现象

离心泵的安装高度应小于最大允许安装高度,以确保泵正常工作,不发生气蚀。离心泵在产生气蚀时将发出噪音,泵体振动,流量不能再增大,压头和效率都明显下降,以至无法继续工作。本实验通过关小泵进口阀,增大泵吸入管阻力,使泵发生汽蚀。

三、实验装置及流程

实验所用实验台是一种多功能实验装置,其装置示意图如图 3.2 所示。

四、实验步骤

(一)离心泵特性曲线的测定

1. 记录下实验台的一些参数,$h_0=360$ mm。
2. 将蓄水箱充满水。
3. 关闭阀门 10,14,打开阀门 4,11,15。
4. 开动泵 I,使泵 I 系统运转,此时关闭阀 11,为空载状态,测读压力表 12 读数 M,真空压力表 9 读数 V。

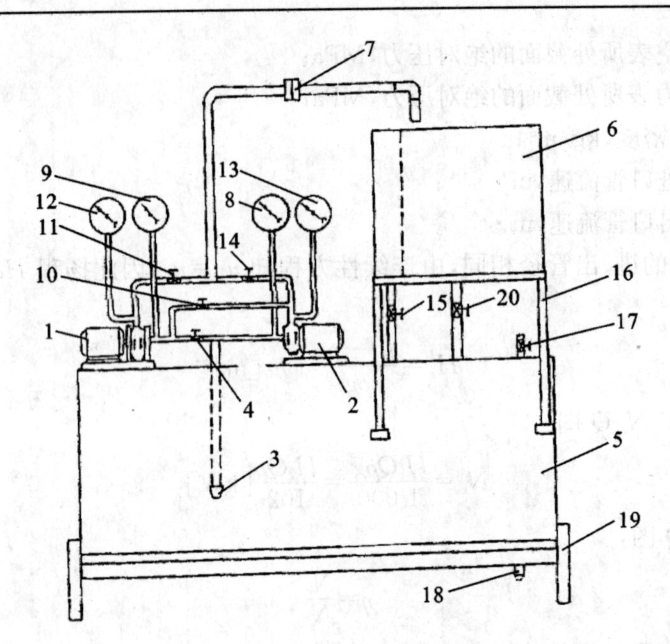

1—泵Ⅰ;2—泵Ⅱ;3—底阀;4—泵Ⅰ上水阀;5—蓄水箱;6—计量水箱;7—孔板流量计;
8,9—真空表;10—串联阀;11—泵Ⅰ出水阀;12,13—压力表;14—泵Ⅱ出水阀;15—回水阀;
16—计量水箱支架;17—蓄水箱排气阀;18—蓄水箱放水阀;19—实验台基架;20—计量水箱放水阀

图 3.2 离心泵特性测定装置图

5. 略开阀门 11,水泵开始出水,再测读 M、V、孔板流量计压差值 h(或利用计量水箱和秒表测出在此工况下的流量 Q)和电功率表读数 $N_{电}$。

6. 逐次调节阀门 11,增加出水开度,重复上述步骤测读各相应工况的 M、V、h 和 $N_{电}$,实验数据可记录在附表中。

7. 结束实验。

(二)汽蚀现象演示实验

1. 将水箱 5 注满水直至排气阀 18 溢水与止。

2. 关闭阀门 4,10,11,15,打开阀门 14,20。

3. 启动泵Ⅱ。

4. 调节阀门 14 到一定的流量 Q。

5. 在此流量下将阀门 20 由开启向关闭方向逐步调节,使水箱内的真空度逐渐增大,同时观察流量,真空表 8 和压力表 13 读数。继续调节阀门 20,直至观察到压力表 13 的指针发生颤动或急剧下降为止,此时流量也急剧减小,甚至直到流量为零,即发生了汽蚀。

五、实验注意事项

1. 启动离心泵之前,一定要检查各处阀门。

2. 系统要先排净气体,以使流体能够连续流动。

3. 离心泵不要长时间空转。

六、实验数据处理

1. 画出离心泵的特性曲线。
2. 分析实验结果，并进行误差分析。

思考题

1. 为什么要在启动离心泵前关闭引水阀？
2. 当改变流量调节阀开度时，压力表和真空表的读数按什么规律变化？
3. 试分析气缚现象与气蚀现象的区别。
4. 根据什么条件来选样离心泵？
5. 试分析允许汽蚀余量与泵的安装高度的区别。
6. 为什么调节离心泵的出口阀可以调节其流量？用这种方法调节流量有何优缺点？

表 3.7　离心泵特性曲线的测定

NO.	p_1(MPa)	p_2(MPa)	H_e(m)	N_e(W)	$N_电$(W)	ηQ(m^3/s)	备注	
1								
2								
3								
4								
5								
6								
7								
8								
9								

实验 27　液-液套管换热器传热系数的测定

一、实验目的

1. 熟悉换热器性能的测试方法；
2. 了解套管式换热器，熟悉有关热工测量仪表的使用方法；
3. 加深对顺流和逆流两种流动方式换热器换热能力差别的认识。

二、实验原理

套管换热器是化工生产中常用的换热设备，反映套管换热器性能的重要参数是传热系数，其取决于流体性质、流体流动状态和换热方式，本实验是对套管换热器传热系数的测定。

根据传热基本方程、牛顿冷却定律以及圆筒壁的热传导方程，已知传热设备的结构尺寸，只要测得传热速率 Q 以及各有关温度，即可算出传热系数 K。

1. 对于液液无相变换热系统，由热量衡算知：

$$Q_h = Q_c + Q_{损} \tag{28-1}$$

$$Q_h = G_h c_{ph}(T_i - T_o) \tag{27-2}$$

$$Q_c = G_c c_{pc}(t_o - t_i) \tag{27-3}$$

2. 换热器的换热量（考虑误差后的数值）：

$$Q = \frac{Q_h + Q_c}{2} \tag{27-4}$$

3. 传热速率方程：

$$Q = KA\Delta t_m \tag{27-5}$$

$$\Delta t_{m逆} = \frac{(T_i - t_o) - (T_o - t_i)}{\ln \dfrac{T_i - t_o}{T_o - t_i}} \tag{27-6}$$

$$\Delta t_{m顺} = \frac{(T_i - t_i) - (T_o - t_o)}{\ln \dfrac{T_i - t_i}{T_o - t_o}} \tag{27-7}$$

4. 本次实验即用实验法测量换热器的传热系数 K

$$K = \frac{Q}{A\Delta t_m} \tag{27-8}$$

式中，Q——单位时间的传热量，W；$Q_{损}$——换热损耗量，W；

G——流体的质量流量，$\frac{\text{kg}}{\text{s}}$；

c_p——流体的平均恒压比热容，$\frac{\text{J}}{(\text{kg}\cdot℃)}$；

T_i, T_o——热流体的进出口温度，℃；

t_i, t_o——冷流体的进出口温度，℃；

K——传热系数，$\frac{\text{W}}{(\text{m}^2\cdot℃)}$；

A——换热器换热面积，m^2；

Δt_m——平均温度差；

下标：h——热流体；c——冷流体。

三、实验装置及流程

实验装置的结构及流程参见图 3.3。

实验台参数：

1. 换热器的换热面积(A)：$A = 0.45\ \text{m}^2$

2. 电加热器总功率(名义)：7.5 kW

3. 热水泵：允许工作水温＜80℃

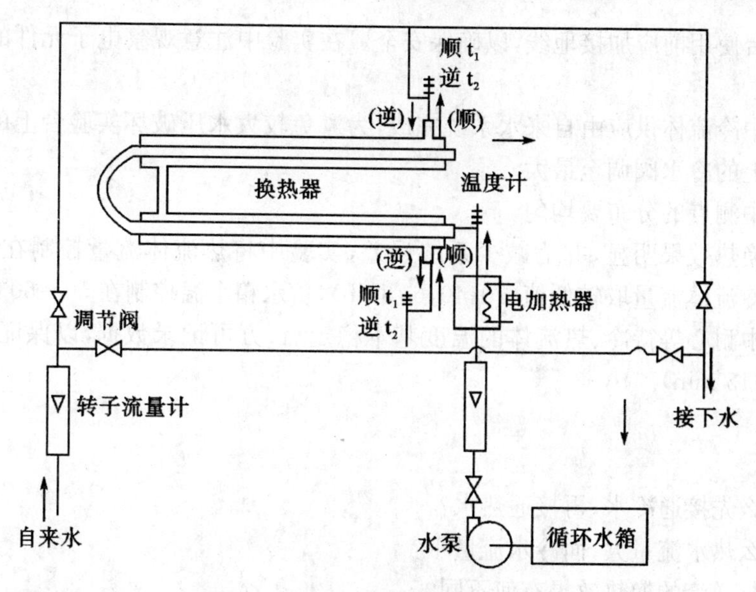

图 3.3　液-液套管换热器装置图

四、实验步骤

1. 熟悉实验装置及使用仪表的工作原理和性能。

2. 安装好需要测试的换热器。

3. 按顺流(或逆流)方式调整冷热换向阀门组各阀门的开或闭。

4. 热水箱充水,调整控温仪,使其能使加热水温控制在 80℃以下的某一指定温度。

5. 接通冷水,并调节好合适的流量。

6. 接通电源,启动热水泵(为了提高热水温升速度,可先不启动冷水泵),并调节好合适的流量。

7. 利用温度测点选择琴键开和数字显示仪,测出换热器冷热流体的进出口温度变化。

8. 待冷、热流体的温度基本稳定后,即可测出这些测温点的温度值,同时在流量计上测出冷、热流体的流量读数。

9. 如需要改变流动方向(顺、逆流)进行实验,实验方法与上述基本相同。记录下这些实验的测试数据。

10. 实验结束后,首先关闭电加热器,5 min 后切断全部电源。

五、实验数据处理

1. 根据实验数据记录表,求出各组数据的传热系数。

2. 以传热系数为纵坐标,温度变化对数平均值为横坐标绘制传热性能曲线。

3. 讨论实验结果。

六、实验注意事项

1. 热流体在热水器中加热温度不得超过 80℃。

2. 实验台使用前应加接地线，以确保安全。在实验中注意观察电子元件的连接情况，避免虚接。

3. 实验中冷流体供应由自来水系统完成，为避免较大水压破坏实验台上的管路，事先要把实验台上的冷水阀调至最大。

4. 实验中测点的分布要均匀。

5. 为使换热效果明显，并为减少系统误差，实验中将热流体流量控制在较高的定值(140 L/h)，冷流体流量取较低值(20，40，60 L/h)，蓄水箱水温控制在50～60℃。

6. 实验中耐心等待冷、热流体的温度基本稳定后，方可记录数据，以保证实验数据的准确性(12～15 min)。

思考题

1. 为什么先接通冷水，再接通热水？
2. 为什么热水流量大，而冷水流量小？
3. 顺流与逆流的换热效果有何不同？
4. 影响传热系数 K 的因素有哪些？

表 3.8　液-液套管换热器传热系数的测定

流向	热流体			冷流体			换热器温度分布图
	进口温度 T_i(℃)	出口温度 T_0(℃)	流量计读数(L/h)	进口温度 T_i(℃)	出口温度 T_0(℃)	流量计读数(L/h)	
逆流							
顺流							

实验 28　填料塔流体力学性能研究

一、实验目的

1. 了解填料塔的结构及填料特性；
2. 熟悉气液两相在填料层内的流动；
3. 了解填料塔的液泛并测定泛点和压降的关系。

二、实验原理

填料塔是一种应用广泛、结构简单的气液传质设备。它是一根管子(圆柱形塔体),其底部有一块带孔的支承板用来支承填料,并允许气液通过。支承板上的填料有整砌和乱堆两种方式。填料层之上有液体分布装置,将液体均匀喷洒在填料上。填料层中液体往往有向塔壁流动的倾向,因此,在填料层过高时,常将其分段,每段均设有液体再分布器,将沿壁流动的液体导向填料层内。

填料塔操作气体由下而上呈连续相通过填料层空隙,液体则沿填料表面流下,形成相际接触介面并进行传质。

填料塔流体力学特性包括压降和液泛规律,它和填料的形状、大小及气液两相的流量和性质等因素相关。

各种填料特性可用下面几个量来表示:

1. 填料的比表面积 α:填料的比表面乃是 1 m^3 填料层内所含填料的几何表面积,其单位为 m^2/m^3,比表面积数值由下式计算获得:

$$\alpha = n\alpha_0 \tag{28-1}$$

式中,α_0——每个填料的表面积 m^2,用测量方法获得。

n——每 m^3 填料层的填料个数。

2. 填料空隙率 ε:填料空隙率又称填料的自由体积,是指 1 m^3 填料层的空隙体积,其值与填料自由截面积相一致,单位为 m^3/m^3,干填料的空隙率可用充水法实验测定。如果已知一个填料的实际体积 V_0(m^3),亦可用下式计算空隙率:

$$\varepsilon = 1 - nV_0 \tag{28-2}$$

干填料因子是由比表面积和空隙率两个填料特性所组成的复合量 α/ε^2,单位是 1/m。

当有液体喷洒在填料上时,部分空隙为液体占有,空隙率有所减少,比表面积也会发生变化。因此就产生了相应的湿填料因子 φ,简称填料因子。

各种填料的形状及特形见陈敏恒《化工原理》下册 P_{136}～P_{138},化学工业出版社,2006 年第 3 版。

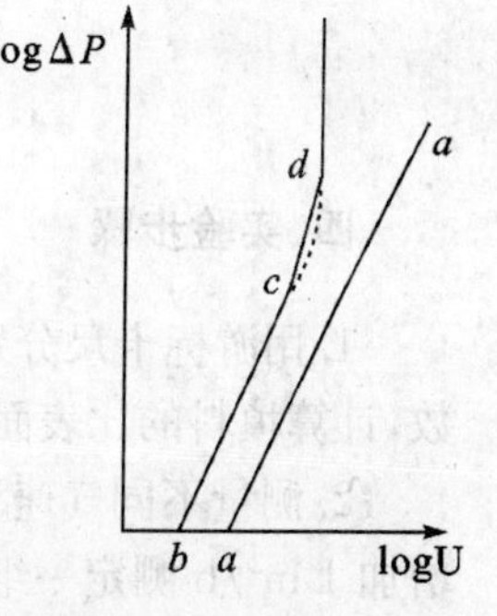

图 3.4　填料层的压降与流速的关系

气体通过填料层的压降与流速的关系如图 3.4 所示。其中当气体通过干填料层时,流体流动引起的压降和湍流流动引起的压降规律相一致。在双对数坐标系中压降对气速作图得到一条斜率为 1.8～2 的直线(图中 aa 线)。而有喷淋量时,在低气速时(C 点以前)压降也比例于气速的 1.8～2 次幂,但大于同一气速下干填料的压降(图中 bc 段)。随气速增加,出现载点(图中 c 点),持液量开始增大,压降-气速下,压降急剧上升。

测定填料塔的压降和液泛速度,是为了计算填料塔所需动力消耗和确定填料塔的适宜的制作范围,选择合适的气液负荷。

三、实验装置及流程

本装置是以水和空气为介质作流体力学特性实验。填料为瓷质拉西环。空气由风机加压后，经缓冲器，流量计由填料塔底部通入，水由自来水管经流量计打入塔顶，由塔底部经排水管排入下水道。底部装有 U 形压强计。装置流程如图 3.5 所示。

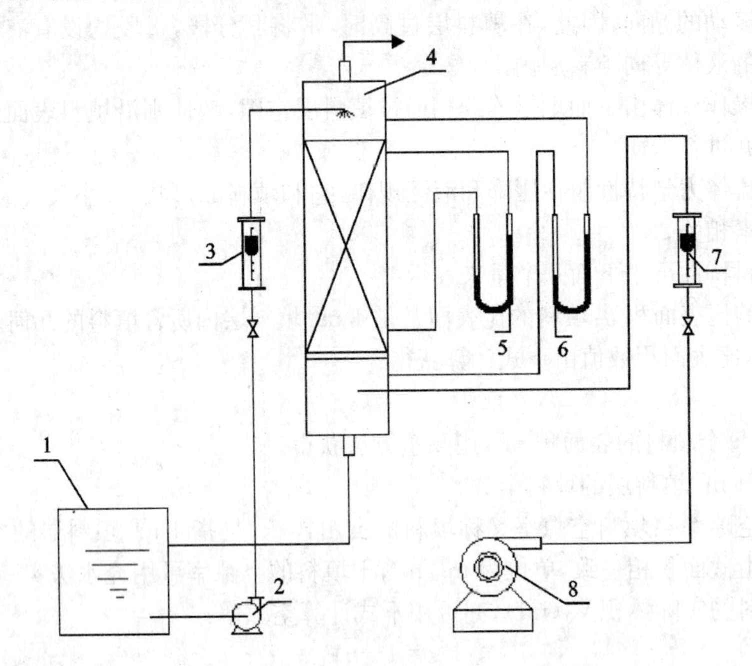

1—水箱；2—水泵；3—液体流量计；4—填料塔；
5,6—压差计；7—气体流量计；8—风机

图 3.5　XS-1 吸收实验装置流程图

四、实验步骤

1. 用游标卡尺分别测量三个填料的内、外径、高，取平均值，再用量筒量出每升填料个数，计算填料的比表面积 a、空隙率 ε 和干填料因子。

2. 测量不同气速下(体积流量 8～25 m^3/h)空气通过干填料的压降 Δp(kPa)。气量每增加 1 m^3/h 测定一组数据，压降读数要精确到 0.01 kPa。

3. 测定湿填料压降。

a. 测定前要进行予液泛，使填料表面充分润湿。

b. 实验接近液泛时，进塔气体的增长速度要放慢，不然图中泛点不易找到。密切观察填料表面气液接触状况，并注意填料层压降变化幅度。务必让各参数稳定后再读数据。液泛后填料层压降在几乎不变气速下明显上升，务必要掌握这个特点。稍稍增加气量，再取一两个点就可以了，并注意不要使气速过分超过泛点。避免冲破和冲跑填料。

五、实验注意事项

1. 测定干填料压降时，塔内填料务必事先吹干。

2. 要注意空气转子流量的调节阀要缓慢开启和关闭，以免撞碎玻璃管。

六、实验数据处理

1. 多次测定实验用填料特性，如填料比表面积、空隙率等，并计算其平均值、标准误差、均值标准误差和真值。

2. 计算干填料以及一定喷淋量下湿填料在不同空塔气速下单位填料层高度的压降，即 $\Delta p/Z$[kPa/m]，并在双对数坐标系做图，找出载点和泛点。

3. 熟悉填料塔操作及观察气液在填料层内流动状况及液泛现象。

思考题

1. 阐述干填料压降线和湿填料压降线的特征。

2. 比较液泛时单位高度填料层压强降和 ECKert 关联图数据是否相符，一般乱堆填料液泛时，单位填料层高度的压强降为多少？

3. 测定干填料压强降线时，塔内填料表面吹得不太干，对测定结果有什么影响。

4. 填料塔的液泛和哪些因素有关。

实验29　精馏塔的操作与板效率的测定

一、实验目的

1. 熟悉精馏的工艺流程，掌握精馏实验的操作方法；

2. 了解板式精馏塔的结构，观察板上气液接触状况；

3. 掌握全回流及部分回流时的全塔效率及单板效率的测定；

4. 了解灵敏板的工作原理及其作用。

二、实验原理

（一）板效率

板式塔是使用量大、运用范围广的重要汽液传质设备，评价塔板好坏一般根据处理量、板效率、阻力降、操作弹性和结构等因素。在板式精馏塔中，混合液的蒸汽逐板上升，回流液逐板下降，汽液两相在塔板上层层接触，实现传热、传质过程，从而达到分离目的。如果在某层塔板上，上升的蒸汽与下降的液体处于平衡状态，则该塔板称为理论板。然而在实际操作中，由于塔板上的汽、液两相接触时间有限及板间返混等因素的影响，使气、液两相尚未达到平衡即离开塔板，一块实际塔板的分离效果达不到一块理论板的作用，因此精馏塔所需的实际板数比理论板数多。能够体现塔板性能及操作状况的主要参数为板效率，有以下两种定义方法。

1. 总板效率 E：

$$E=\frac{N}{N_e} \tag{29-1}$$

式中，E——总板效率；

N——理论板数(不包括塔釜)；

N_e——实际板数。

2. 单板效率 E_{ml}：

$$E_{ml}=\frac{x_{n-1}-x_n}{x_{n-1}-x_n^*} \tag{29-2}$$

式中，E_{ml}——以液相浓度表示的单板效率；

x_n，x_{n-1}——第 n 块板和第($n-1$)块板的液相浓度；

x_n^*——与第 n 块板气相浓度成平衡的液相浓度。

总板效率与单板效率的数值通常都由实验测定。单板效率是评价塔板性能优劣的重要数据。物系性质、板型及操作负荷是影响单板效率的重要因素。当物系与板型确定后，我们可以通过改变气液负荷来达到最高的板效率；对于不同的板型，我们可以在保持相同的物系及操作条件下，测定其单板效率，以评价其性能的优劣。总板效率反应的全塔各塔板的平均分离效果，常用于板式塔设计中。

(二)操作因素对板效率的影响

对精馏塔而言，所谓操作因素主要是指如何正确选择回流比、塔内蒸汽速率、进料热状况等。

1. 回流比。回流比是精馏操作的一个重要控制参数。回流比数值的大小影响着精馏操作的分离效果与能耗。全回流是回流比的上限情况，既无产品采出，也无任何原料加入，塔顶的冷凝液全部返回塔中，这在生产中无任何意义。但由于此时所需理论板数最少，又易于达到稳定，故常在科学研究及工业装置的开停车及排除故障时采用。最小回流比 R_m 是操作的下限情况，需无穷多个理论板才能达到分离要求，实际上不可能安装无限多块的塔板，因此亦不能选择 R_m 来操作，换句话讲，在 R_m 下操作不能达到预定的分离要求。实际选择回流比 R 通常取 R_m 的 1.1～2 倍。在精馏塔正常操作时，如果回流装置出现异常而中止回流，情况会发生明显变化，塔顶易挥发物组成下降，塔釜易挥发组分物随之上升，分离情况变坏。

2. 塔内蒸汽速度。塔板上的汽、液流量是板效率的主要影响因素。在精馏塔内，液体与气体应进行错流接触，但当气速较小时，上升气量不够，部分液体会从塔板开口处直接漏下，塔板上建立不了液层，使塔板上气液两相不能充分接触；若上升气速太大，又会产生严重液沫夹带甚至于液泛，这样减少了气、液两相接触时间而使塔板效率下降，严重时不能正常运行。

3. 进料热状况的影响。不同的进料热状况对精馏塔操作及分离效果会有所影响，进料状况的不同直接影响塔内蒸汽速度，在精馏操作中选择合适的进料状态。

(三)灵敏板温度

灵敏板温度是指一个正常操作的精馏塔当受到某一外界因素的干扰(如 R、x_F、F、采出率等发生波动)时，全塔各板上的组成发生变化，全塔的温度分布也发生相应的变化，其中有一些板的温度对外界干扰因素的反应最灵敏，故称它们为灵敏板。灵敏板温度的变化可预示塔内的不正常现象的发生，可及时采取措施进行纠正。

(四)板效率的测定方法

精馏塔塔板数的计算利用图解的方法最简便，对于二元物系，若已知其气液平衡数据，则根据馏出液的组成 x_D、料液组成 x_F、残液组成 x_W 及回流比 R，很容易求出完成分离任务所需的理论板数 N，将所得理论板数与塔中实际板数相比，即可求得总板效率。

若相邻两块塔板设有液体取样口，则可通过测定液相组成 x_{n-1} 和 x_n，并由操作线方程求得 y_n，查平衡数据得到与 y_n 成平衡的液相组 x_n^*，从而求得单板效率 E_{ml}。

三、实验装置及流程

实验装置及流程如图 3.6 所示。

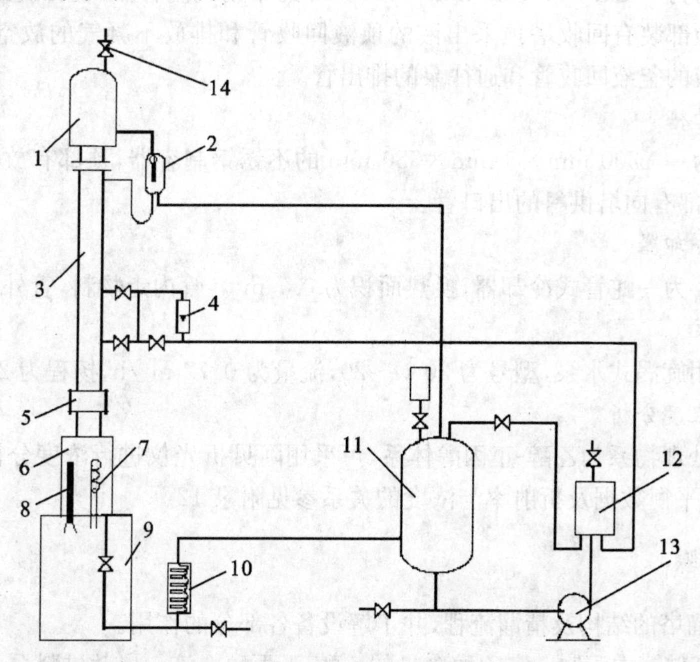

1—塔顶冷凝器；2—回流比分配器；3—塔身；4—转子流量计；5—视盅；
6—塔釜；7—塔釜加热器；8—控温加热器；9—支座；10—冷却器；
11—原料液罐；12—缓冲罐；13—进料泵；14—塔顶放气阀

图 3.6　精馏装置流程图

(一)精馏塔

本精馏塔为筛板塔，全塔共有八块塔板。塔身的结构尺寸为：塔径 φ57 mm×3 mm，塔板间距 80 mm，溢流管截面积 78.5 mm^2，溢流堰高 10 mm，底隙高度为 4 mm。每块塔板开有 43 个直径为 1.5 mm 的小孔，正三角形排列，孔间距为 6 mm。为了便于观察塔板上的汽液接触情况，塔身设有一节玻璃视镜，另在 1～6 块塔板上均设有液相取样口。

蒸馏釜尺寸为 φ108 mm×4 mm×400 mm。塔釜装有液面计，电加热棒(1 kW)，控温电热棒(20 W,加热面积为 0.004 4 m^2),温度计接口、测压口和取样口,分别用于观察釜内液面高度、加热料液、控制加热量、测量釜温、测量塔顶与塔釜的压差和釜液取样。

冷凝器为一蛇管式换热器,换热面积为 0.6 m^2。管外走蒸汽,管内走冷却水。

(二)回流分配装置

回流分配装置由回流分配器与控制器组成。控制器由控制仪表和电磁线圈构成。其中回流分配器由玻璃制成,它由一个入口管、两个出口管及引流棒组成。两个出口管分别用于回流和采出。引流棒为一根 φ4 mm 的玻璃棒,内部装有铁芯,它可在控制器的控制下实现引流。即当控制器电路接通后,电磁线圈将引流棒吸起,操作处于采出状态;当控制器的电路断开时,电磁线圈不工作,引流棒自然下垂,操作处于回流状态。此回流分配器既可通过控制器实现手动控制,也可以通过计算机实现自动控制。

(三)原料液贮槽

原料液贮槽为一 φ300 mm×3 mm×350 mm 的不锈钢制容器,装有液面计,以便观察槽内料液量。顶部装有回收塔顶采出液的顶液回收管和排放不凝气的放空管,下部装有回收塔釜采出液的釜液回收管和通往泵的排出管。

(四)高位贮槽

高位贮槽为一 φ300 mm×3 mm×350 mm 的不锈钢制容器,顶部有放空阀及与泵相连的入口管,下部有向塔供料的出口管。

(五)釜液冷却器

釜液冷却器为一蛇管式冷却器,换热面积为 0.7 m^2。管内走物料,管外走冷却水。

(六)原料泵

本实验采用旋涡式水泵,型号为 20 w～20,流量为 0.72 m^3/h,扬程为 20 m。

(七)物料浓度分析

本实验所处理物系为乙醇-正丙醇体系,可采用阿贝折光仪进行浓度分析。乙醇-正丙醇体系的汽、液平衡数据及折射率与浓度的关系参见附录 12。

四、实验步骤

1. 熟悉精馏塔的结构及精馏流程,并了解设备各部分的作用。

2. 在原料液储罐中配制一定乙醇含量的乙醇-正丙醇料液。启动进料泵,将料液打入高位槽,再向塔中供料至塔釜液面保持在液面计的 2/3 左右,以免在加热时烧坏电加热器。

3. 启动塔釜加热及塔身伴热,观察塔釜、塔身、塔顶温度及塔板上的汽液接触状况(观察视镜),发现塔板上有料液时,打开塔顶冷凝器的冷却水控制阀。

4. 测定全回流情况下的单板效率及全塔效率:在一定回流量下,全回流一段时间,待该塔操作参数稳定后,即可在塔顶、塔釜及相邻两块塔板上取样,用阿贝折射仪进行分析,测取数据(重复 2～3 次),并记录各操作参数。

5. 待全回流操作稳定后,根据进料板上的浓度,调整进料液的浓度,开启进料泵,设定进料量及回流比,测定部分回流条件下的单板效率及全塔效率,通过调整釜液排出量使塔釜液面维持恒定。切记排出釜液前,一定要打开釜液冷却器的冷却水控制阀。待塔操作稳定后,在塔顶、塔釜及相邻两块塔板上取样,分析测取数据。

6. 实验完毕后,停止加料,关闭塔釜及塔身加热,待一段时间后,切断塔顶冷凝器及釜液冷却器的供水,切断电源,清理现场。

五、实验注意事项

1. 做实验时,要开启塔顶放空阀,以排除塔内的不凝性气体,同时保证精馏塔的常压操作。

2. 正常操作时塔板压降小于 24 kPa(180 mmHg)。若操作时塔板压降过高,请及时增加冷水量,并对塔釜加热量进行调节。

3. 开启进料泵前,检查进料阀是否开启,不允许旋涡泵空转。

4. 取样必须在操作稳定时进行,并做到同时取样。

5. 取样时应选用较细的针头,以免损伤氟胶垫而漏液。

6. 操作中要维持进料量、出料量基本平衡;调节釜底残液出料量,维持釜内液面不变。

六、实验数据处理

1. 在直角坐标纸上绘制 $X-Y$ 图,用图解法求出理论板数;

2. 求出总板效率和单板效率;

3. 结合精馏操作对实验结果进行分析。

思考题

1. 什么是全回流?全回流操作特点有哪些?在生产中有什么实际意义?

2. 塔釜加热对精馏塔的操作参数有什么影响?你认为塔釜加热量主要消耗在何处?与回流量有无关系?

3. 如何判断塔的操作已经达到稳定?

4. 板式塔气液两相的流动特点是什么?

5. 什么叫"灵敏板"?塔板上的温度(或浓度)受哪些因素影响?

6. 当回流比 $R<R\mathrm{min}$ 时精馏塔是否还能进行操作?如何确定精馏塔的操作回流比?

7. 精馏塔的常压操作怎样实现的?如果要改为加压或减压操作,又怎样实现?

8. 冷料进料对精馏操作有什么影响?进料口位置如何确定?

9. 塔板效率受哪些因素影响?

10. 对于乙醇-水体系,本塔能否得到无水乙醇?增加塔板数能吗?

实验 30　液体流量的测定与流量计的校正

一、实验目的

1. 熟悉节流式流量计的构造、工作原理以及其安装和使用方法;

2. 掌握流量计的校正方法;

3. 通过孔板(或文丘里)流量计孔流系数的测定,了解孔流系数的变化规律。

二、实验原理

(一)流量计校正的应用

工厂生产的流量计大都是按标准规范制造的。流量计出厂前一般都在标准状况下(101.325 kPa,20℃)以水或空气为介质进行标定,给出流量曲线或者按规定的流量计计算公式给出指定的流量系数,或将流量直接刻在显示仪表刻度盘上。在如下情况下需要对流量计校正:

(1)如果用户遗失出厂的流量曲线,或被测流体的密度与工厂标定时所用流体不同;

(2)流量计经长期使用而磨损;

(3)自制的非标准流量计。

(二)流量计校正的方法

流量计的校正方法有体积法、称重法和基准流量计法。体积法或称重法是通过测量一定时间间隔内排出的流体体积量或质量来实现的,而基准流量计法则使用一个已被事先校正过且精度级较高的流量计作为被校流量计的比较基准。流量计标定的精度取决于测量体积的容器、称重的称、测量时间的仪表或基准流量计的精度。以上各个测量仪的精度组成了整个校正系统的精度,亦即被测流量计的精度。由此可知,若采用基准流量计法校正流量,欲提高被校正流量计的精度,必需选用精度更高的流量计,如 0.5 级的涡轮流量计(小于 2 m^3/h 流量时,可用精度 1.0 级转子流量计)。

(三)本实验方法原理

节流式流量计是一类典型的差压式流量计,是流体通过节流元件产生的压差来确定流体的速度。常用的有孔板流量计、文丘里流量计以及喷嘴流量计等。本实验以孔板流量计和文丘里流量计作为校正对象,通过测定节流元件前后的压差及相应的流量来确定流量系数,同时测定流量系数与流量(雷诺数 Re)的关系。

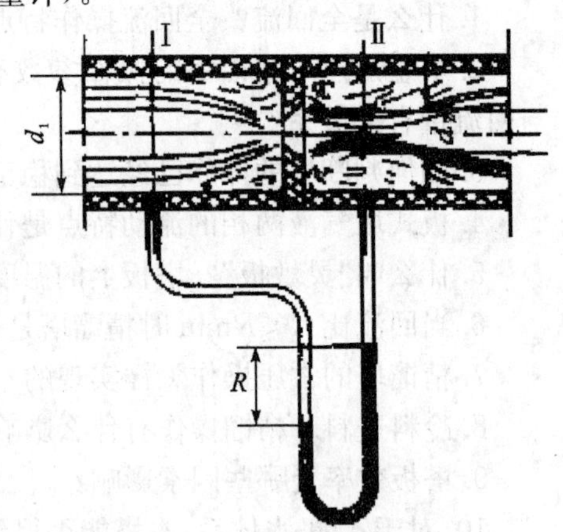

图 3.7　孔板流量计的构造原理

本实验所用孔板流量计的构造原理如图 3.7 所示,当流体经小孔流出后,发生收缩,形成一缩脉(即流动截面最小处),此时流速最大,因而静压强相应降低。设流体为理想流体,无阻力损失,在图中截面Ⅰ和截面Ⅱ之间列柏努利方程,得

$$\frac{u_2^2-u_1^2}{2}=\frac{p_1-p_2}{\rho}$$

或

$$\sqrt{u_2^2-u_1^2}=\sqrt{\frac{2\Delta p}{\rho}} \tag{30-1}$$

由于式(30-1)未考虑阻力损失,而且缩脉处的截面积 A_2 常难于知道,但孔板孔径的

面积 A_0 已知，因此上式中的 u_2 可用孔口速度 u_0 来代替，同时，两测压孔的位置也不在截面Ⅰ和截面Ⅱ处，所以用校正系数 C 来校正上述各因素的影响，则式(30-1)变为

$$\sqrt{u_0^2-u_1^2}=C\sqrt{\frac{2\Delta p}{\rho}} \tag{30-2}$$

对于不可压缩流体，将 $u_1=u_0\dfrac{A_0}{A_1}$ 代入，整理后可得

$$u_0=\frac{C\sqrt{\dfrac{2\Delta p}{\rho}}}{\sqrt{1-(\dfrac{A_0}{A_1})^2}} \tag{30-3}$$

令

$$C_0=\frac{C}{\sqrt{1-(\dfrac{A_0}{A_1})^2}} \tag{30-4}$$

孔板前后的压力降用 U 形压差计测量，即

$$\Delta p=(\rho_0-\rho)gR \tag{30-5}$$

得

$$u_0=C_0\sqrt{\frac{2(\rho_0-\rho)gR}{\rho}} \tag{30-6}$$

根据 u_0 和孔口截面积 A_0 即可求得流体的体积流量

$$V_s=u_0A_0=C_0A_0\sqrt{\frac{2(\rho_0-\rho)gR}{\rho}} \tag{30-7}$$

流量系数(孔流系数)C_0 的引入简化了流量计的计算。但影响 C_0 的因素很多，如管道流动的雷诺数 Re_d、孔口面积和管道面积比、测压方式、孔口形状及加工光洁度、孔口厚度和管壁粗糙度等，因此只能通过实验测定。对于测压方式、结构尺寸、加工状况等均已规定的标准孔板，流量系数 C_0 可以表示为

$$C_0=f(Re_d,\ \frac{A_0}{A_1}) \tag{30-8}$$

上式中 Re_d 是以管径 d 计算的雷诺数，即

$$Re_d=\frac{du_1\rho}{\mu} \tag{30-9}$$

孔板流量计是一种易于制造、结构简单的测量装置，因此使用广泛，但其主要缺点是能量损失大，用 U 管压差计可以测得这个损失(永久压强损失)。为了减少能量损耗可采用文丘里流量计，如图 3.8 示。其操作与原理与孔板流量计相同，但采用渐缩与渐扩结构以减少涡流损失，故能量损耗很小。文丘里流量计的流量计算公式如下：

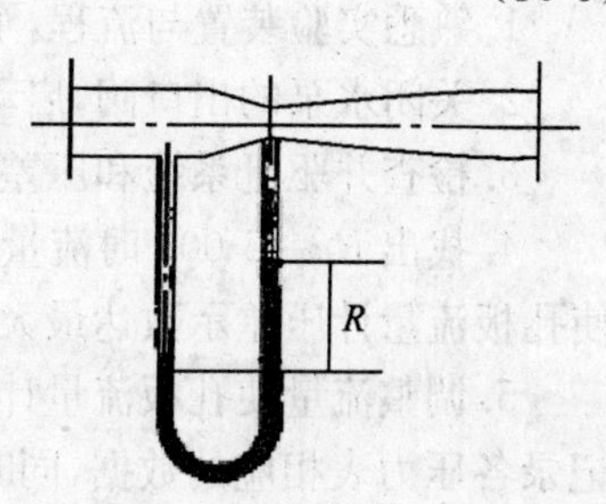

图 3.8　文丘里流量计构造原理

$$V_s=C_vA_0\sqrt{\frac{2(\rho_0-\rho)gR}{\rho}} \tag{30-10}$$

式中，C_v——文丘里流量计的流量系数。

三、实验装置及流程

实验装置示意图如图 3.9 所示。有关实验参数为：两种流量计中，小孔直径为 $d_0=18$ mm，$D_0=35$ mm。

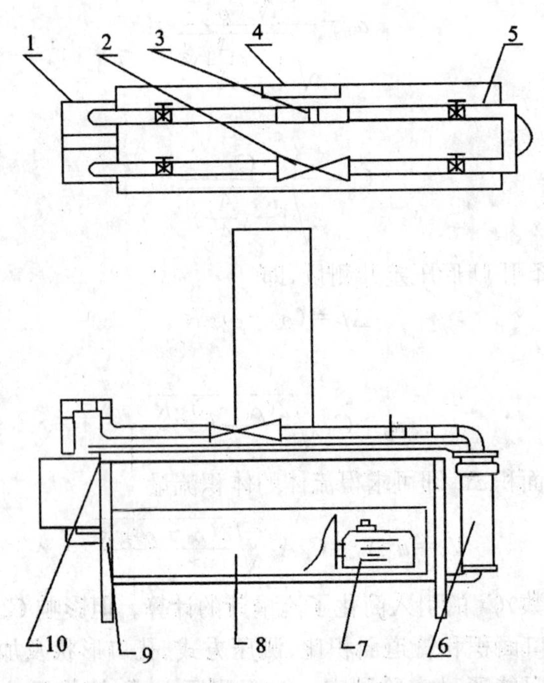

1—有机计量水箱；2—文丘里管；3—孔板流量计；4—压力显示板；5—实验管道；
6—浮子流量计；7—水泵；8—塑料水箱；9—实验台支架；10—实验台面

图 3.9 流量计校正实验装置图

四、实验步骤

1. 熟悉实验装置与流程，了解各阀门的位置及作用，检查压差计接头是否正常。

2. 关闭水泵的出口阀，启动泵，缓慢打开流量阀门。

3. 检查并驱赶系统和压差计中气泡。

4. 找出 $Re=5\,000$ 时流量所对应的孔板流量计压差示数（此时流量为实验最小流量，使孔板流量计压差示数达最大量程的流量为最大流量）。

5. 调整流量使孔板流量计压差示数在最大和最小示数范围内均匀取 5 个点，读取并记录各压力表相应的数据，同时测量各流量水温用于计算密度。

6. 先关闭上游阀门，再关闭下游阀门，停泵。

五、实验注意事项

1. 开启泵合电闸时要迅速，严禁电机缺相运转；
2. 测试系统应保持稳定的流动状态；
3. 测流量与压差计读数尽量同步进行；
4. 测压管中不得有气泡；
5. 读数时不得用手动压差计玻璃管，以防止断裂；
6. 实验完毕应关闭两阀，使测试系统管中水封。

六、实验数据处理

1. 将所有原始数据、实验数据及计算结果列成表格，并取其中一组列出计算过程；
2. 分别绘制孔板式流量计和文氏管式流量计的 c_0-V，c_V-V 曲线；
3. 讨论实验结果。

思考题

1. 什么情况下流量计需要校正？校正方法有几种？本实验是用哪一种？
2. c_0，c_V 分别与哪些因素有关？
3. 孔板流量计和文氏流量计安装时应注意什么问题？
4. 为什么测试系统要排气，如何正确排气？
5. 用孔板流量计及文丘里流量计，若流量相同，孔板流量计所测压差与文丘里流量计所测压差哪一个大？为什么？

表 3.9　流量计流量的测定

	NO.	1	2	3	4	5	6	7	8
标准流量(m^3/h)									
孔板流量计	上游压差(kPa)								
	下游压差(kPa)								
	流量系数								
标准流量(m^3/h)									
文氏流量计	上游压差(kPa)								
	下游压差(kPa)								
	流量系数								

实验 31　填料塔液侧传质膜系数的测定

一、实验目的

1. 通过实验掌握双膜理论和传质机理以及影响膜系数的因素。

2. 测定填料塔的液侧传质膜系数、总传质系数和传质单元高度并通过实验确立液侧传质膜系数与各项操作条件的关系。

3. 通过实验，学习掌握研究物质传递过程的一种实验方法，并加深对传质过程原理的理解。

二、实验原理

填料塔是化工生产中常用的传质设备，广泛应用于吸收、精馏、萃取、增湿等大型传质操作中。在填料塔的设计中，传质膜系数和总传质系数是极其重要的设计参数，因此实验研究传质过程的控制步骤，测定传质膜系数和总传质系数，尤为重要。本实验用水吸收二氧化碳，属难溶气体的吸收，为液膜控制。

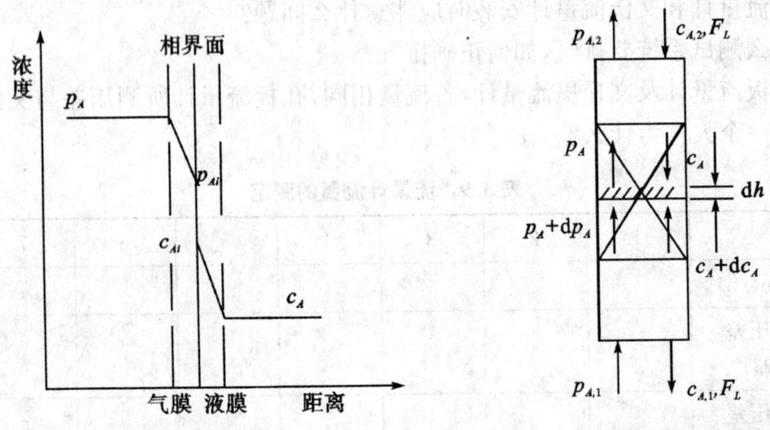

图 3.10　双膜模型的浓度分布图　　　　图 3.11　填料塔的物料衡算图

如图 3.10 所示，根据双膜模型的基本假设，气侧和液侧的吸收质 A 的传质速率方程可分别表示为

气膜　$$G_A = k_g A(p_A - p_{Ai}) \tag{31-1}$$

液膜　$$G_A = k_l A(c_{Ai} - c_A) \tag{31-2}$$

式中，G_A——A 组分的传质速率，kmol·s^{-1}

A——两相接触面积，m^2；

p_A——气侧 A 组分的平均分压，Pa；

p_{Ai}——相界面上 A 组分的分压，Pa；

c_A——液侧 A 组分的平均浓度，kmol·m^{-3}；

c_{Ai}——相界面上 A 组分的浓度，$kmol \cdot m^{-3}$；

k_g——以分压表达推动力的气侧传质膜系数，$kmol \cdot m^{-2} \cdot s^{-1} \cdot Pa^{-1}$；

k_1——以物质的量浓度表达推动力的液侧传质膜系数，$m \cdot s^{-1}$。

以气相分压或以液相浓度表示传质过程推动力的相际传质速率方程又可分别表达为

$$G_A = K_G A(p_A - p_A^*) \tag{31-3}$$

$$G_A = K_L A(c_A^* - c_A) \tag{31-4}$$

式中，p_A^*——液相中 A 组分的实际浓度所要求的气相平衡分压，Pa；

c_A^*——气相中 A 组分的实际分压所要求的液相平衡浓度，$kmol \cdot m^{-3}$；

K_G——以气相分压表示推动力的总传质系数，或简称为气相传质总系数，$kmol \cdot m^{-2} \cdot s^{-1} \cdot Pa^{-1}$；

K_L——以液相浓度表示推动力的总传质系数，或简称为液相传质总系数，$m \cdot s^{-1}$。

若气液相平衡关系遵循亨利定律：$c_A = Hp_A$，则

$$\frac{1}{K_G} = \frac{1}{k_g} + \frac{1}{Hk_l} \tag{31-5}$$

$$\frac{1}{K_L} = \frac{H}{k_g} + \frac{1}{k_l} \tag{31-6}$$

当气膜阻力远大于液膜阻力时，则相际传质过程受气膜传质速率控制，此时 $K_G = k_g$；反之，当液膜阻力远大于气膜阻力时，则相际传质过程受液膜传质速率控制，此时 $K_L = k_l$。

如图 3.11 所示，在逆流接触的填料层内，任意截取一微分段，并以此作为衡算系统，则吸收质 A 的物料衡算可得：

$$dG_A = \frac{F_L}{\rho_L} dc_A \tag{31-7}$$

式中，F_L——液相摩尔分率，$kmol \cdot s^{-1}$；

ρ_L——液相摩尔密度，$kmol \cdot m^{-3}$。

根据传质速率基本方程，可写出该微分段的传质速率微分方程：

$$dG_A = K_L(c_A^* - c_A)aSdh \tag{31-8}$$

联立式(31-7)和(31-8)得

$$dh = \frac{F_L}{K_L a S \rho_L} \cdot \frac{dc_A}{c_A^* - c_A} \tag{31-9}$$

式中，a 为气液两相接触的比表面积，$m^2 \cdot m^{-3}$；S 为填料塔的横截面积，m^2。

本实验采用水吸收纯二氧化碳，且已知二氧化碳在常温常压下溶解度较小，因此，液相摩尔流率 F_L 和摩尔密度 ρ_L 的比值，亦即液相体积流率 $V_{s,L}$ 可视为定值，且设总传质系数 K_L 和两相接触比表面积 a 在整个填料层内为一定值，则按下列边值条件积分式(31-9)，可得填料层高度的计算公式：

$$h=0 \qquad c_A = c_{A,2}$$

$$h=h \qquad c_A = c_{A,1}$$

$$h = \frac{V_{s,L}}{K_L a S} \cdot \int_{c_{A,2}}^{c_{A,1}} \frac{dc_A}{c_A^* - c_A} \tag{31-10}$$

令 $H_L = \frac{V_{s,L}}{K_L a S}$，且称 H_L 为液相传质单元高度(HTU)；

$N_L=\int_{c_{A,2}}^{c_{A,1}}\frac{\mathrm{d}c_A}{c_A^*-c_A}$，且称 N_L 为液相传质单元数(NTU)。

因此，填料层高度为传质单元高度与传质单元数之乘积，即

$$h=H_L\times N_L \tag{31-11}$$

若气液平衡关系遵循亨利定律，即平衡线为直线，则(31-10)式可用解析法解得填料层高度的计算式，亦即可采用下列平均推动力法计算填料层的高度或液相传质单元高度：

$$h=\frac{V_{s,L}}{K_LaS}\cdot\frac{c_{A,1}-c_{A,2}}{\Delta c_{A,m}} \tag{31-12}$$

$$H_L=\frac{h}{N_L}=\frac{h}{\dfrac{(c_{A,1}-c_{A,2})}{\Delta c_{A,m}}} \tag{31-13}$$

式中 $\Delta c_{A,m}$ 为液相平均推动力，即

$$\Delta c_{A,m}=\frac{\Delta c_{A,2}-\Delta c_{A,1}}{\ln\dfrac{\Delta c_{A,2}}{\Delta c_{A,1}}}=\frac{(c_{A,2}^*-c_{A,2})-(c_{A,1}^*-c_{A,1})}{\ln\dfrac{c_{A,2}^*-c_{A,2}}{c_{A,1}^*-c_{A,1}}} \tag{31-14}$$

因为本实验采用纯二氧化碳，则

$$c_{A,1}^*=c_{A,2}^*=c_A^*=HP_A=HP \tag{31-15}$$

其中

$$H=\frac{\rho_c}{M_c}\cdot\frac{1}{E}\mathrm{kmol\cdot m^{-3}\cdot Pa^{-1}} \tag{31-16}$$

式中，ρ_c——水的密度，$\mathrm{kg\cdot m^{-3}}$；

M_c——水的摩尔质量，$\mathrm{kg\cdot kmol^{-1}}$；

E——亨利系数，$\mathrm{Pa^{-1}}$。

因此，式(31-14)可简化为

$$\Delta c_{A,m}=\frac{c_{A,1}}{\ln\dfrac{c_A^*}{c_A^*-c_{A,1}}} \tag{31-17}$$

又因为本实验所用物系遵循亨利定律，且气膜阻力可以不计。在此情况下，整个传质过程阻力都集中于液膜，即属液膜控制过程，则液侧体积传质膜系数等于液相体积传质总系数，亦即

$$k_la=K_La=\frac{V_{s,L}}{hS}\cdot\frac{c_{A,1}-c_{A,2}}{\Delta c_{A,m}} \tag{31-18}$$

对于填料塔，液侧体积传质膜系数与主要影响因素之间的关系，曾有不少研究者由实验得出各种关联式，其中 Sherwood-Holloway 得出如下关联式：

$$\frac{K_La}{D_L}=A\left(\frac{L}{\mu_L}\right)^m\cdot\left(\frac{\mu_L}{\rho_LD_L}\right)^n \tag{31-19}$$

式中，D_L——吸收质在水中的扩散系数，$\mathrm{m^{-2}\cdot s^{-1}}$；

L——液体质量流速，$\mathrm{kg\cdot m^{-2}\cdot s^{-1}}$；

μ_L——液体黏度，$\mathrm{Pa\cdot s}$ 或 $\mathrm{kg\cdot m^{-1}\cdot s^{-1}}$；

ρ_L——液体密度，$\mathrm{kg\cdot m^{-3}}$。

应该注意的是 Sherwood-Holloway 关联式中，$(\frac{K_L a}{D_L})$和$(\frac{L}{\mu_L})$两项没有特性长度。因此，该式也不是真正无因次准数关联式。该式中 A，m 和 n 的具体数值，需在一定条件下由实验求取。

三、实验装置及流程

本实验装置由填料吸收塔、二氧化碳钢瓶、高位稳压水槽和各种测量仪表组成，其流程如图 3.12 所示。

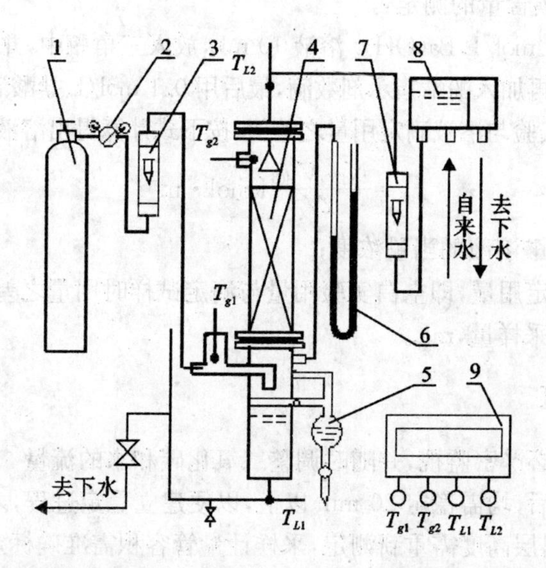

1—二氧化碳钢瓶；2—减压阀；3—二氧化碳流量计；4—填料塔；
5—采样计量管；6—压差计；7—水流量计；8—高位水槽；9—数字电压表

图 3.12　填料吸收塔液侧传质膜系数测定实验装置流程

填料吸收塔采用公称直径为 50 mm 的玻璃柱，柱内装填 8.0 mm×8.0 mm×1.5 mm 塑料拉西环填料，填充高度约为 300 mm。吸收质（纯二氧化碳气体）由钢瓶二次减压阀、调节阀和转子流量计，进入塔底。气体由下向上经过填料层与液相逆流接触，最后由柱顶放空。吸收剂（水）由高位稳压水槽经调节阀和流量计进入塔顶，再喷洒而下。吸收后溶液由塔底经 T 形管排出。U 形液柱压差计用以测量塔底压强和填料层的压强降。塔底和塔顶的气液相温度由热电偶测量，并通过转换开关由数字电压表显示。

四、实验步骤

1. 实验前准备工作：

(1)实验前，首先检查填料塔的进气阀和进水阀，以及二氧化碳二次减压阀是否均已关严；然后，打开二氧化碳钢瓶顶上的针阀，将压力调至 0.1 MPa；同时，向高位稳压水槽注水，直至溢流有适量水溢流而出。

(2)将水充满填料层，浸泡填料（相当于预液泛）。

(3)冷阱内加入冰水。

2.实验操作步骤：

(1)缓慢开启进水调节阀，水流量可在10～80 L·h^{-1}范围内选取。一般在此范围内选取5～6个数据点。调节流量时一定要注意保持高位稳压水槽有适量溢流水流出，以保证水压稳定。

(2)缓慢开启进气调节阀。二氧化碳流量建议采用0.2 m^3·h^{-1}左右为宜。

(3)当操作达到定常状态之后，测量塔顶和塔底的水温和气温，同时，测定塔底溶液中二氧化碳的含量。

3.溶液中二氧化碳含量的测定：

用吸量管吸取0.1 mol/L $Ba(OH)_2$溶液10 mL，放入三角瓶中，并由塔底附设的计量管滴入塔底溶液20 mL，再加入酚酞指示剂数滴，最后用0.1 mol/L盐酸滴定，直至其脱除红色的瞬时为止。由空白实验与溶液滴定用量之差值，按下式计算得出溶液中二氧化碳的浓度：

$$c_A=\frac{N_{HCl}V_{HCl}}{2V}\text{kmol}\cdot\text{m}^{-3}$$

式中，N_{Hcl}——标准盐酸溶液的当量浓度；

V_{Hcl}——实际滴定用量，即空白实验用量与滴定试样时用量之差值，mL；

V——塔底溶液采样量，mL。

五、实验注意事项

1.实验过程中务必严密监视，并随时调整二氧化碳和水的流量。

2.每次流量改变后，均需稳定20 min以上，以便建立稳定过程，才能测取数据。

3.预液泛后，填料层高度需重新测定，采样计量管容积需准确标定。

4.浸泡填料层(人为预液泛)时，需缓慢精心操作，以防冲毁填料层和压差计。

5.开启风机前，要关闭缓冲罐的阀门；旋涡气泵开启后，缓慢开启缓冲罐的阀门。

6.实验过程中要注意控制气速，不能超过泛点。

7.实验结束后，先关闭缓冲罐的阀门，再关旋涡气泵；最后关闭电源和进水阀。

六、实验结果与数据处理

1.测量并记录实验基本参数。

(1)填料柱：

柱体内径　　$d=$　　mm

填料型式

填料规格

填料层高度　　$h=$　　mm

(2)大气压力：$p_a=$　　MPa

(3)室温：$T_a=$　　℃

(4)试剂：

2.测定并记录实验数据。

测量实验数据和数据处理结果可分别列于相应的表中。

$$Ba(OH)_2 溶液浓度\ N_{Ba(OH)_2} =$$

$$用量\ V_{Ba(OH)_2} = \quad mL$$

$$盐酸浓度\ N_{HCl} =$$

表 3.10　填料塔液侧传质膜系数实验数据记录表

实验序号		1	2	3	4
气相	塔底气温，$T_{g,1}$/℃				
	塔顶气温，$T_{g,2}$/℃				
	塔底压强，p/mm H_2O				
	CO_2 流量，$V_{h,g}$/$m^3 \cdot h^{-1}$				
液相	塔底液温，$T_{L,1}$/℃				
	塔顶水温，$T_{L,2}$/℃				
	水的流量，$V_{h,L}$/(L · h^{-1})				
	塔底采样量，V/mL				
	盐酸滴定量，V_{HCl}/mL				

表 3.11　填料塔液侧传质膜系数实验数据处理表

实验序号	1	2	3	4
平均温度，T_g/℃				
平均压强，p/MPa				
CO_2 密度，ρ_g/kg · m^{-3}				
空塔速度，u_o/m · s^{-1}				
亨利系数，E/MPa				
平均温度，T_L/℃				
液体密度，ρ_g/kg · m^{-3}				
液体黏度，μ_L/Pa · s				
CO_2 扩散系数，D_1/$m^2 \cdot s^{-1}$				
体积流率，$V_{s,L}$/$m^3 \cdot s^{-1}$				
喷淋密度，W/$m^3 \cdot m^{-2} \cdot s^{-1}$				
质量流速，L/kg · $m^{-2} \cdot s^{-1}$				
气相平衡浓度，$C*_A$/kmol · m^{-3}				
塔底浓度，$C_{A,1}$/kmol · m^{-3}				
平均推动力，$\Delta C_{A,m}$/kmol · m^{-3}				
传质速率，G_A/kmol · s^{-1}				
传质单元高度，H_L/m				
液相体积传质总系数，K_La/s^{-1}				
液侧体积传质膜系数，K_La/s^{-1}				

列出上表中各项计算式。

3. 根据实验结果，在坐标上标绘液侧体积传质膜系数与喷淋密度的关系曲线。

思考题

1. 冷阱作用？怎样操作？
2. 水吸收二氧化碳是属难溶还是易溶气体吸收？传质阻力集中在气膜还是液膜？
3. 怎样开启二氧化碳钢瓶？减压阀压力调至多少？
4. 高位水槽结构及作用是什么？
5. 操作中进水流量调不到要求怎么办？
6. 随着水流量的增大，出塔溶液中二氧化碳浓度增大还是减小？
7. 怎样使干填料变成湿填料？怎样操作？
8. 进塔压力波动如何影响吸收？
9. 怎样求取出塔溶液中二氧化碳浓度？

第 4 章　综合性化学实验

实验 32　硫酸亚铁铵的制备及纯度分析

一、目的要求

1. 了解复盐的制备方法。
2. 练习水浴加热和减压过滤等操作。
3. 了解目视比色的方法。

二、实验原理

铁屑易溶于稀硫酸中，生成硫酸亚铁：
即：

$$Fe + H_2SO_4 = FeSO_4 + H_2\uparrow$$

硫酸亚铁与等物质的量的硫酸铵在水溶液中相互作用，即生成溶解度较小的浅蓝色硫酸亚铁铵 $FeSO_4 \cdot (NH_4)_2SO_4 \cdot 6H_2O$ 复合晶体。

$FeSO_4 + (NH_4)_2SO_4 + 6H_2O = FeSO_4 \cdot (NH_4)_2SO_4 \cdot 6H_2O$

一般亚铁盐在空气中都易被氧化，但形成复盐后却比较稳定，不易被氧化。

三、仪器与试剂

1. 仪器　抽滤瓶，布氏漏斗，锥形瓶(250 mL)，蒸发皿，表面皿，量筒(50 mL)，台秤，水浴锅(10 mL)，比色管(25 mL)。

2. 试剂　铁屑，$(NH_4)_2SO_4$(固)，H_2SO_4(3 $mol \cdot L^{-1}$)，HCl(3 $mol \cdot L^{-1}$)，Na_2CO_3(10%)，KSCN(饱和溶液)。

四、实验步骤

(一)铁屑的净化(去油污)

称取 6 g 铁屑放于锥形瓶中，加入 40 mL 10%Na_2CO_3 溶液，水浴加热 10 min，倾去碱液，水洗铁屑至 pH 为中性。

(二)硫酸亚铁的制备

盛有铁屑的锥形瓶中加入 40 mL 3 $mol \cdot L^{-1}$ H_2SO_4，水浴加热反应约 50 min，若 pH

大于2,要及时补充H_2SO_4和蒸发掉的水,趁热抽滤,保留滤液。

(三)硫酸亚铁铵的制备

根据硫酸亚铁的理论产量,按照$FeSO_4$与$(NH_4)_2SO_4$物质的量比1∶0.75,称取$(NH_4)_2SO_4$固体,在蒸发皿中溶于20 mL热水中,与$FeSO_4$溶液混合。水浴加热至有晶膜出现,冷却既有硫酸亚铁铵晶体析出。加压过滤,晶体在滤纸上吸干,观察产品颜色和形状,称量。

(四)产品检验——铁(Ⅲ)的分析

1.样品溶液配制　称1.0 g样品置于25 mL比色管中,加入15 mL不含氧的蒸馏水溶解,再加入2 mL 3 $mol \cdot L^{-3}$ HCl和1 mL KSCN溶液,继续加不含氧的蒸馏水至25 mL刻度线,摇匀,与标准液比色,确定产品等级。

2.标准液配制　取含Fe^{3+}的溶液:Ⅰ级试剂0.05 mg,Ⅱ级试剂0.10 mg,Ⅲ级试剂0.2 mg,与样品同样处理,稀释到25 mL刻度线,摇匀。

思考题

计算硫酸亚铁铵的产量时,应该以Fe的量为标准,还是以$(NH_4)_2SO_4$的量为标准?

实验33　草酸亚铁的制备和组成测定

一、实验目的

1.以草酸亚铁为原料制备草酸亚铁并测定其化学式。

2.了解高锰酸钾发测定铁及草酸根含量的方法。

二、实验原理

一定条件下,亚铁离子与草酸可发生反应制备草酸亚铁,反应方程式为:

$$(NH_4)_2SO_4 \cdot FeSO_4 \cdot 6H_2O + H_2C_2O_4 = FeC_2O_4 \cdot nH_2O + (NH_4)_2SO_4 + H_2SO_4 + H_2O$$

用$KMnO_4$标准液滴定一定量的草酸亚铁溶液,可以测定出其中的Fe^{2+},$C_2O_4^{2-}$和H_2O的含量,进而测定出草酸亚铁的化学式。

$$5Fe^{2+} + 5C_2O_4^{2-} + 3MnO_4^- + 24H^+ = 5Fe^{3+} + 10CO_2 + 3Mn^{2+} + 12H_2O$$

三、仪器与试剂

1.仪器　抽滤瓶,布氏漏斗,台秤,量筒(50 mL),点滴板,称量瓶,锥形瓶(250 mL),酸式滴定管,分析天平。

2.试剂　H_2SO_4($2\ mol \cdot L^{-1}$,$1\ mol \cdot L^{-1}$),$H_2C_2O_4$($1\ mol \cdot L^{-1}$),丙酮,Zn粉,$KMnO_4$标准液($0.02\ mol \cdot L^{-1}$),NH_4SCN溶液。

四、实验步骤

(一)草酸亚铁的制备

称取硫酸亚铁铵 18 g 于 400 mL 烧杯中，加入 90 mL 水、6 mL 2 mol·L^{-1} H_2SO_4，加热溶解，再加入 120 mL 1 mol·L^{-1} $H_2C_2O_2$，加热至沸，并不断搅拌，有黄色沉淀产生，静置，倾去上层清液，加入 60 mL 蒸馏水并加热，充分洗涤沉淀，抽滤，用丙酮洗涤，抽干，称量。

(二)草酸亚铁产品分析

1. 定性实验。将 0.5 g 产品配成 5 mL 水溶液(可加 2 mol·L^{-1} H_2SO_4 微热溶解)。

①取 1 滴溶液于点滴板上，加 1 滴 NH_4SCN 溶液，若立即出现红色，表示有 Fe^{3+} 存在。

②取 2 mL 溶液于试管中，滴加 2 滴 1 mol·L^{-1} H_2SO_4 及 $KMnO_4$ 溶液，观察现象，检验铁的价态，然后加少许 Zn 粉，观察现象，再次检验铁的价态。

2. 组成测定。准确称量样品 0.18～0.23 g 于 250 mL 锥形瓶中，加入 25 mL 2 mol·L^{-1} H_2SO_4 溶液使样品溶解，加热至 40～50℃。用标准 $KMnO_4$ 溶液滴定，滴至最后一滴溶液呈淡紫色在 30s 内不退色即为终点，记录 $KMnO_4$ 溶液的体积 V_1，然后向溶液中加入 2 g Zn 粉和 5 mL 2 mol·L^{-1} H_2SO_4 溶液，煮沸 5 min，溶液应为无色，取 1 滴 NH_4SCN 溶液在点滴板上检验。若不立即变红即可进行下面滴定，否则继续煮沸，过滤，滤液转移到另一锥形瓶中，用 10 mL 1 mol·L^{-1} H_2SO_4 彻底冲洗锥形瓶和残余的 Zn 粉，洗涤液与滤液混合，用标准 $KMnO_4$ 溶液继续滴定至终点，记录体积 V_2。至少平行滴定两次，由此推算产品中铁(Ⅱ)、草酸根和水的含量，求出化学式。

思考题

1. 用 $KMnO_4$ 溶液滴定 Fe^{2+} 时，溶液中能否含有草酸根？

2. 使 Fe^{3+} 还原为 Fe^{2+} 时，用什么做还原剂？过量的还原剂怎样除去？还原反应完成的标志是什么？

注释

1. $KMnO_4$ 溶液的配制与标定：$KMnO_4$ 是氧化还原滴定中常用的氧化剂之一。高锰酸钾滴定法通常在酸性溶液中进行，反应时锰的氧化数由＋7 变到＋2。市售 $KMnO_4$ 常含有杂质，因此用它配制的溶液要在暗处放置几天，待 $KMnO_4$ 中还原性杂质充分氧化后，再除去生成的 $MnO(OH)_2$ 沉淀，标定其浓度。

光线和 $MnO(OH)_2$，Mn^{2+} 等都能促进 $KMnO_4$ 的分解，故配好的 $KMnO_4$ 溶液应除尽杂质，置于棕色瓶中保存于暗处。

2. 测定化学式：设化学式为 $Fe_x(C_2O_4)_y \cdot nH_2O$。用 $KMnO_4$ 氧化还原滴定法，先求 Fe^{2+}，$C_2O_4^{2-}$ 的含量。由一定量的样品中扣除 Fe^{2+} 和 $C_2O_4^{2-}$ 的量即为结晶水的量，换算成 x，y，n 的值，写出化学式。

实验 34　漂白粉中有效氯和固体总钙量的测定

一、实验目的

1. 了解漂白粉起漂白作用的基本原理。

2. 掌握氧化还原滴定法、配位滴定法的实际应用。

3. 培养独立解决实物分析的能力。

二、实验原理

工业漂白粉为 $3Ca(ClO)_2 \cdot 2Ca(OH)_2$，其有效氯和固体总钙的含量是影响产品质量的两个关键指标，准确测定其含量十分重要。

漂白粉中次氯酸盐具有氧化能力，是漂白粉的有效成分。一定量的漂白粉与稀盐酸反应，所逸出 Cl_2 叫做有效氯。漂白粉的质量以有效氯的质量分数来衡量。

$$2ClO^- + 4H^+ + 2Cl^- = 2Cl_2\uparrow + 2H_2O$$

测定漂白粉中的有效氯，可在酸性溶液中将漂白粉与过量的 KI 反应，生成一定量的 I_2，再用 $Na_2S_2O_3$ 标准溶液溶液滴定生成的 I_2。反应如下：

$$ClO^- + 2H^+ + 2I^- = I_2 + Cl^- + H_2O$$

$$2S_2O_3^{2-} + I_2 = S_4O_6^{2-} + 2I^-$$

由于 $Na_2S_2O_3 \cdot 5H_2O$ 不纯，常含有 S^{2-}，S，SO_3^{2-} 等杂质，且容易风化，溶液也不稳定，细菌、微生物、CO_2、O_2、光等使其分解，因此 $Na_2S_2O_3$ 标准溶液不能直接配制。

$Na_2S_2O_3$ 溶液的标定是利用 $K_2Cr_2O_7$ 能氧化 I^- 生成 I_2，用 $Na_2S_2O_3$ 滴定生成的 I_2。发生的反应如下：

$$Cr_2O_7^{2-} + 6I^- + 14H^+ = 2Cr^{3+} + 3I_2 + 7H_2O$$

$$2S_2O_3^{2-} + I_2 = S_4O_6^{2-} + 2I^-$$

指示剂为淀粉，近终点时加入，终点时溶液颜色变化为蓝色变为亮蓝绿色。

固体总钙的测定是在 $pH \geq 12$ 的强碱性介质中，加入钙指示剂，用 EDTA 标准溶液滴定 Ca^{2+}，当溶液由酒红色变为纯蓝色即为终点。

三、仪器与试剂

1. 仪器　分析天平，台秤，容量瓶，研钵，碘量瓶(250 mL)，锥形瓶(250 mL)，酸式滴定管(50 mL)，棕色试剂瓶(500 mL)，烧杯(500 mL，50 mL)，刻度吸量管(10 mL，5 mL，2 mL，1 mL)，移液管(25 mL)，量筒(100 mL)。

2. 试剂　HCl($6\ mol \cdot L^{-1}$)，基准 $K_2Cr_2O_7$，基准 $CaCO_3$，$Na_2S_2O_3 \cdot 5H_2O$(AR)，Na_2CO_3(AR)；KI(20%)，NH_3-NH_4Cl 缓冲溶液，饱和 $MgCl_2$ 溶液，$Na_2H_2Y \cdot 2H_2O$(AR)，H_2SO_4($3\ mol \cdot L^{-1}$)，$NaNO_2$(10%)，NaOH($6\ mol \cdot L^{-1}$)，漂白粉(市售)，钙指示剂，EBT 指示剂(0.1%)，淀粉(1%)。

四、实验步骤

(一)$K_2Cr_2O_7$ 标准溶液的配制

准确称取基准 $K_2Cr_2O_7$ 1.225 8 g 置于小烧杯中，加少量蒸馏水搅拌至完全溶解，定量转移至 250 mL 容量瓶中，定容，摇匀，得到　　mol/L $K_2Cr_2O_7$ 标准溶液。

(二)$Na_2S_2O_3$ 溶液的配制与标定

1. 配制 500 mL 浓度为 0.1 $mol \cdot L^{-1}$ 的 $Na_2S_2O_3$ 溶液。取 500 mL 蒸馏水加热煮沸 10 min，加入 12 g $Na_2S_2O_3 \cdot 5H_2O$，0.1 g Na_2CO_3 固体，搅拌至完全溶解，将溶液置于棕色试剂瓶中，于暗处放置一周。

2. 标定：准确移取 $K_2Cr_2O_7$ 标准溶液 25.00 mL，置于碘量瓶中，加 5 mL HCl 溶液(6 $mol \cdot L^{-1}$)、10 mL KI 溶液(20%)，加盖水封，摇匀后于暗处放置 5 min。加 20 mL H_2O 稀释，立即用待标定的 $Na_2S_2O_3$ 溶液滴定至淡黄色，加 1 mL 淀粉指示剂，继续滴定至亮蓝绿色即为终点，平行操作三次，计算 $Na_2S_2O_3$ 溶液的平均浓度。

(三)EDTA 标准溶液的配制

1. 配制 500 mL 浓度为 0.02 $mol \cdot L^{-1}$ EDTA 溶液：粗略称取 4 g $Na_2H_2Y \cdot 2H_2O$，置于烧杯中，加 100 mL 蒸馏水，微微加热并搅拌至完全溶解，冷却后转入试剂瓶，加蒸馏水稀释至 500 mL，加 2 滴 $MgCl_2$ 溶液，摇匀。

2. 标定：准确称取 $CaCO_3$ 0.3～0.4 g，置于小烧杯中，先用少量蒸馏水润湿，盖上表面皿，缓慢滴加 6 $mol \cdot L^{-1}$ HCl 溶液至完全溶解，用蒸馏水冲洗表面皿的底部，将溶液定量转移至 250 mL 容量瓶中，定容，摇匀。

准确移取 Ca^{2+} 标准溶液 25.00 mL，置于锥形瓶中，加 10 mL NH_3-NH_4Cl 缓冲溶液、2 滴 EBT 指示剂，用 EDTA 溶液滴定至溶液由紫红色突变为纯蓝色即为终点。平行操作三次，计算 EDTA 溶液的平均浓度。

(四)漂白粉中有效氯含量的测定

将漂白粉置于研钵中研细后，准确称取 5 g 左右置于小烧杯中，加水搅拌，静置，将上清液转移至 250 mL 容量瓶中，反复操作数次，定容，摇匀。

准确移取 25.00 mL 漂白粉试液置于碘量瓶中，加 6～8 mL H_2SO_4 溶液(3 $mol \cdot L^{-1}$)，加 10 mL 20%的 KI 溶液，加盖水封，摇匀后于暗处放置 5 min。加 20 mL H_2O 稀释，立即用 $Na_2S_2O_3$ 标准溶液滴定至淡黄色，加 1 mL 淀粉指示剂，继续滴定至蓝色刚好消失为终点。平行操作三次，计算漂白粉中有效氯的平均含量。

(五)固体总钙量的测定

准确称取 0.04～0.05 g 漂白粉，置于锥形瓶中，加 10 mL 蒸馏水、10 mL $NaNO_2$ 溶液(10%)，再加入 2 mL NaOH 溶液(6 $mol \cdot L^{-1}$)调节 pH≥12。加入少许钙指示剂，用 EDTA 标准溶液滴定至溶液由酒红色变为纯蓝色即为终点。平行操作三次，计算漂白粉中固体总钙的平均含量。

五、数据处理

1. EDTA溶液浓度的标定：

m_{CaCO_3}/g			
平行实验	1	2	3
V_{CaCl_2}/mL	25.00	25.00	25.00
V_{EDTA}/mL			
$c_{EDTA}/mol \cdot L^{-1}$			
相对偏差			
平均 $c_{EDTA}/mol \cdot L^{-1}$			

$$c_{EDTA}=\frac{100\ m_{CaCO_3}}{Mr_{CaCO_3}V_{EDTA}}(mol \cdot L^{-1}) \qquad Mr_{CaCO_3}=100.09$$

2. $Na_2S_2O_3$ 溶液浓度的标定：

$c_{K_2Cr_2O_7}/mol \cdot L^{-1}$	0.016 67		
平行实验	1	2	3
$V_{K_2Cr_2O_7}$/mL	25.00	25.00	25.00
$V_{Na_2S_2O_3}$/mL			
$c_{Na_2S_2O_3}/mol \cdot L^{-1}$			
相对偏差			
平均 $c_{Na_2S_2O_3}/mol \cdot L^{-1}$			

$$c_{Na_2S_2O_3}=\frac{6c_{K_2Cr_2O_7}V_{K_2Cr_2O_7}}{V_{Na_2S_2O_3}}(mol \cdot L^{-1})$$

3. 漂白粉中有效氯含量的测定：

m_s/g			
平行实验	1	2	3
V_s/mL	25.00	25.00	25.00
$V_{Na_2S_2O_3}$/mL			
有效 Cl%			
相对偏差			
平均有效 Cl%			

$$Cl\% = \frac{c_{Na_2S_2O_3} V_{Na_2S_2O_3} Ar_{Cl}}{100\ m_s} \times 100 \qquad Ar_{Cl} = 35.45$$

4. 漂白粉中固体总钙量的测定

平行实验	1	2	3
m_s/g			
V_{EDTA}/mL			
Ca%			
相对偏差			
平均Ca%			

$$Ca\% = \frac{c_{EDTA} V_{EDTA} Ar_{Ca}}{1\,000\ m_s} \times 100 \qquad Ar_{Ca} = 40.08$$

思考题

1. 如何配制 $Na_2S_2O_3$ 标准溶液？
2. 为什么配制 $Na_2S_2O_3$ 溶液时要加入 Na_2CO_3？
3. 碘量法引起误差的主要来源有哪些？
4. 在加入钙指示剂之前，为什么先加入 $NaNO_2$ 溶液？

实验 35　硅酸盐水泥中氧化铁和氧化铝含量的测定

一、实验目的

1. 学习复杂体系的分析方法。
2. 学会通过控制酸度分别测定氧化铁和氧化铝含量的方法。
3. 锻炼运用综合知识的能力。

二、实验原理

水泥中的铁、铝、钙、镁等组分分别以 Fe^{3+}，Al^{3+}，Ca^{2+}，Mg^{2+} 的形式存在于过滤完 SiO_2 沉淀后的滤液中，它们都能与 EDTA 形成稳定的螯合物，但稳定性有较显著的区别，$\lg K_{AlY} = 16.3$，$\lg K_{Fe(Ⅲ)Y} = 25.1$，$\lg K_{CaY} = 10.69$，$\lg K_{MgY} = 8.7$。因此只要通过控制适当的酸度，就可以进行分别测定。

Fe^{3+} 的测定：控制溶液的 pH 为 2～2.5，以磺基水杨酸为指示剂，用 EDTA 标准溶液滴定，溶液由紫红色变为微黄色即为终点。

实验表明，溶液酸度控制的恰当与否对测定 Fe^{3+} 的结果影响很大。在 $pH < 1.5$ 时，结果偏低；$pH > 3$ 时，Fe^{3+} 开始水解，同时，共存的 Ti^{4+}、Al^{3+} 也影响滴定。

滴定时溶液的温度以60～70℃为宜，当温度高于75℃时，Al^{3+}也能与EDTA形成螯合物，使测定Fe^{3+}结果偏高，测定Al^{3+}结果偏低。当温度低于50℃时，反应速度缓慢，不易得出确定终点。

由于配位滴定过程中有H^+产生，$Fe^{3+}+H_2Y^{2-}=FeY^-+2H^+$，所以在没有缓冲作用的溶液中，当$Fe^{3+}$含量较高时，滴定过程中，溶液的pH逐渐降低，妨碍反应进一步完成，以致终点变色缓慢，难以确定。实验证明Fe_2O_3含量不超过30 mg为宜。

Al^{3+}的测定：以PAN为指示剂的铜盐回滴定是普遍采用的方法。Al^{3+}与EDTA的反应速度慢，所以一般先加入过量的EDTA，并加热煮沸，使Al^{3+}与EDTA充分反应，然后用$CuSO_4$标准溶液回滴定过量的EDTA。AlY^-无色，PAN在测定条件（pH≈4.2）下为黄色，所以滴定开始前溶液为黄色，随着$CuSO_4$的加入，有蓝色的CuY^{2-}逐渐生成，因此溶液逐渐由黄色变绿色，在过量的EDTA与Cu^{2+}完全反应后，继续加入$CuSO_4$，Cu^{2+}与PAN形成紫红色配合物，由于蓝色CuY^{2-}的存在，终点溶液呈紫色。反应如下：

$$Al^{3+}+H_2Y^{2-}=AlY^-+2H^+$$

$$Cu^{2+}+H_2Y^{2-}=CuY^{2-}+2H^+$$

$$Cu^{2+}+PAN=Cu-PAN$$

溶液中有三种有色物质存在：黄色的PAN、蓝色的CuY^{2-}、紫红色的Cu－PAN，且三者的浓度又在不断的变化中，因此颜色变化较复杂。

EDTA溶液浓度的标定：在pH＝4.2的HAc-NaAc介质中，以PAN为指示剂，用$CuSO_4$标准溶液滴定至紫红色。

三、仪器与试剂

1. 仪器　分析天平，台秤，恒温水浴锅，量筒（100 mL），酸式滴定管（50 mL），锥形瓶（50 mL），容量瓶（250 mL），试剂瓶（500 mL），表面皿，烧杯（500 mL、50 mL），移液管（25 mL），刻度吸量管（15 mL、10 mL）。

2. 试剂　浓HNO_3，HCl（6 $mol \cdot L^{-1}$），$Na_2H_2Y \cdot 2H_2O$（AR），NH_4Cl（AR），$NH_3 \cdot H_2O$（1∶1），$CuSO_4$标准溶液（0.02 $mol \cdot L^{-1}$），HAc-NaAc缓冲溶液（pH＝4.2），磺基水杨酸指示剂（10%），PAN指示剂（0.2%）。

四、实验步骤

（一）试样的预处理

准确称取水泥样品0.25 g左右，置于小烧杯中，加2 g NH_4Cl，用平头玻璃棒搅拌均匀，加入15 mL HCl（6 $mol \cdot L^{-1}$），3～5滴浓HNO_3，加热至沸腾并保持微沸15 min，加入100 mL热水继续加热至沸腾，冷却后转移至250 mL容量瓶中，不溶物也一并转移，定容，摇匀，放置澄清后使用。

（二）EDTA溶液的配制

配制300 mL浓度为0.01 $mol \cdot L^{-1}$的EDTA溶液。粗略称取约1.2 g $Na_2H_2Y \cdot 2H_2O$，加少量水微热后搅拌至完全溶解，加水稀释至300 mL，搅拌均匀，转移至试剂瓶中保存。

（三）Fe_2O_3 含量的测定

移取试液 25.00 mL 于锥形瓶中，于 50～60℃水浴中加热 10 min，以 $NH_3 \cdot H_2O$(1∶1)调 pH 为 2.0～2.5，加 10 滴磺基水杨酸，趁热用 EDTA 标准溶液滴定至溶液由紫红色变为亮黄色即为终点，记录 EDTA 消耗体积为 V_1 mL，平行测定三次，求 Fe_2O_3 的平均含量。

（四）Al_2O_3 含量的测定

从滴定管中放入 20.00 mL EDTA 标准溶液置于测定完 Fe_2O_3 含量后的试液中，加 10 mL pH=4.2 的 HAc-NaAc 缓冲溶液，煮沸 1 min，稍冷后加入 5 滴 PAN，以 $CuSO_4$ 标准溶液滴定至紫红色。记录 $CuSO_4$ 消耗的体积为 V_2 mL。注意临近终点时应剧烈摇动，并缓慢滴定。平行测定三次，求 Al_2O_3 的平均含量。

（五）EDTA 溶液浓度的标定

从滴定管中放入 20.00 mL EDTA 标准溶液置于锥形瓶中，加入 10 mL HAc-NaAc 缓冲溶液，加热至近沸(80～90℃)，加入 5 滴 PAN，以 $CuSO_4$ 标准溶液滴定至紫红色。记录 $CuSO_4$ 消耗的体积为 V_3 mL。平行测定三次，求 EDTA 溶液的平均浓度。

五、数据处理

1. EDTA 溶液浓度的标定：

c_{CuSO_4}/mol·L^{-1}			
平行实验	1	2	3
V_{EDTA}/mL	20.00	20.00	20.00
V_3/mL			
c_{EDTA}/mol·L^{-1}			
相对偏差			
平均 c_{EDTA}/mol·L^{-1}			

$$c_{EDTA}=\frac{c_{CuSO_4}V_3}{V_{EDTA}}(\text{mol}\cdot\text{L}^{-1})$$

2. Fe_2O_3 含量的测定：

平行实验	1	2	3
V_s/mL	25.00	25.00	25.00
V_1/mL			
Fe_2O_3%			
相对偏差			
平均 Fe_2O_3%			

$$Fe_2O_3\% = \frac{c_{EDTA}V_1Mr_{Fe_2O_3}}{200\ m_s} \times 100 \qquad Mr_{Fe_2O_3} = 159.69$$

3. Al_2O_3 含量的测定：

平行实验	1	2	3
V_{EDTA}/mL	20.00	20.00	20.00
V_2/mL			
$Al_2O_3\%$			
相对偏差			
平均 $Al_2O_3\%$			

$$Al_2O_3\% = \frac{c_{EDTA}(20.00 - V_2)Mr_{Al_2O_3}}{200\ m_s} \times 100 \qquad Mr_{Al_2O_3} = 197.84$$

思考题

1. Fe^{3+}，Al^{3+}，Ca^{2+}，Mg^{2+} 共存时，能否用EDTA标准溶液控制酸度法滴定 Fe^{3+}？滴定时酸度范围是多少？

2. 测定 Al^{3+} 时为什么采用返滴法？

3. 如何消除 Fe^{3+}，Al^{3+} 对 Ca^{2+}，Mg^{2+} 测定的影响？

实验36　磺胺药物——对氨基苯磺酰胺的制备

一、实验目的

1. 掌握对氨基苯磺酰胺的制备方法。

2. 巩固回流、脱色、重结晶等基本操作。

二、实验原理

磺胺类药物是指具有磺胺结构的一类药物的总称，是一类用于预防和治疗细菌感染性疾病的化学治疗药物，其一般结构为：

$$H_2N-C_6H_4-SO_2NHR$$

由于磺胺基上氮原子的取代基不同可形成不同的磺胺药物，虽然合成的磺胺衍生物多达千种，但真正显示抗菌性的只有为数不多的十多种。本实验是合成对氨基苯磺酰胺。

磺酰胺的合成可由苯以及简单的有机化合物为原料合成：

$$C_6H_6 \xrightarrow{HNO_3} C_6H_5NO_2 \xrightarrow{Fe/HCl} C_6H_5NH_2 \xrightarrow{CH_3COOH} C_6H_5NH-\overset{O}{\overset{\|}{C}}-CH_3$$

$$\xrightarrow{ClSO_3H} p\text{-}HO_3S-C_6H_4-NH-\overset{O}{\overset{\|}{C}}-CH_3 \xrightarrow{NH_3} p\text{-}H_2NO_2S-C_6H_4-NH-\overset{O}{\overset{\|}{C}}-CH_3 \xrightarrow{H_3O^+} p\text{-}H_2NO_2S-C_6H_4-NH_2$$

实验室实际合成对氨基苯磺酰胺一般以乙酰苯胺为原料合成。

三、仪器与试剂

1. 仪器　锥形瓶，吸滤瓶，烧杯，圆底烧瓶，布氏漏斗，吸收装置。
2. 试剂　乙酰苯胺，氯磺酸，浓氨水，浓盐酸，碳酸钠。

四、实验步骤

（一）乙酰氨基苯磺酰氯的制备

在干燥的 100 mL 锥形瓶中，放入 7.5 g 干燥的乙酰苯胺，在石棉网上用小火加热使之熔化。若瓶壁上有少量凝结的水珠出现，则用干净的滤纸擦干。冷却使熔化物凝结成块①，将锥形瓶置于冷水浴中充分冷却后，一次迅速加入 15 mL 氯磺酸②，并立即塞上预先配好的带有氯化氢吸收装置的塞子③，反应很快发生，若反应过于剧烈，可适时用冷水浴冷却。当反应缓和后，轻轻摇动锥形瓶以使固体全部反应。待固体全部溶解后，再用温水浴加热约 10 min 至不再有氯化氢气体产生为止。

将反应瓶在冷水浴中充分冷却。然后放至通风橱中，在强烈搅拌下，将反应液以细流慢慢倒入盛有 120 g 碎冰的大烧杯中（这步是关键，一定要慢，搅拌充分）④。用少量冷水洗涤反应瓶，洗涤液也倒入烧杯中，搅拌数分钟后，出现白色固体并尽量将大块压碎使成细粒状。抽滤，少量冷水洗涤，压干，粗产品不必干燥或提纯，但须很快进行下一步反应，因粗产品在酸性条件下不稳定，易分解。

纯对乙酰氨基苯磺酰氯是无色针状晶体。

（二）乙酰氨基苯磺酰胺制备

将上述粗产物放入烧杯中，在不断搅拌下慢慢加入 26 mL 浓氨水，此时产生白色糊状物。加完后，继续搅拌 15 min。然后加入 20 mL 水，在石棉网上小火搅拌加热 10 min 以除去多余的氨。

---

① 氯磺化反应较激烈，将乙酰苯胺凝结成块状后再反应，可使反应较缓和。

② 氯磺酸有强烈的腐蚀性，遇空气会冒出大量氯化氢气体！故取用时必须特别注意不能碰到皮肤和水。含氯磺酸的废液也不能倒入水槽。

③ 实验装置要密封，导气管的末端接近水面而不能碰到，以免倒吸而发生严重事故。

④ 反应完毕，将反应液慢慢倒入碎冰中，防止局部过热而使对乙酰氨基苯磺酰氯水解。

纯对乙酰氨基苯磺酰胺为无色针状晶体。

（三）对氨基苯磺酰胺的制备

将上述反应物放入 100 mL 圆底烧瓶中，加入 5 mL 浓盐酸，投入沸石后装上回流冷凝管，然后在石棉网上用小火加热回流半小时。冷却后，应得一几乎澄清的溶液。若有固体析出，则测一下溶液的酸碱性，不呈酸性时酌情外加盐酸，并继续加热回流约 15 min，过滤。将溶液或滤液倒入烧杯中，在不断搅拌下慢慢加入碳酸钠固体至恰呈碱性（约 6 g）①。此时有固体磺胺析出，冷却后抽滤，用少量水洗涤、压干。粗产品可用水重结晶。

纯对氨基苯磺酰胺为白色叶片状晶体。

思考题

1. 直接氯磺化可否？
2. 试比较苯磺酰氯与苯甲酰氯水解反应的难易。
3. 为什么对氨基苯磺酰胺可溶于过量的碱液中？

实验 37　植物生长调节剂——2,4-二氯苯氧乙酸的制备

一、实验目的

1. 通过苯酚钠和氯乙酸的反应，掌握 Williamson 合成法。
2. 掌握 2,4-二氯苯氧乙酸的制备方法。
3. 巩固气体吸收、重结晶等基本操作。

二、实验原理

苯氧乙酸作为防霉剂，可由苯酚钠和氯乙酸通过 Williamson 合成法制备。通过它的氯化，可得到对氯苯氧乙酸和 2,4-二氯苯氧乙酸（简称 2,4-D）。前者又称防落素，可以减少农作物落花落果。后者又称落莠剂，可选择性地除掉杂草。二者都是植物生长调节剂。

芳环上的卤化是重要的芳环亲电取代反应之一。本实验通过浓盐酸加过氧化氢和用次氯酸钠在酸性介质中的氯化，避免了直接使用氯气带来的危险和不便。其基本反应如下：

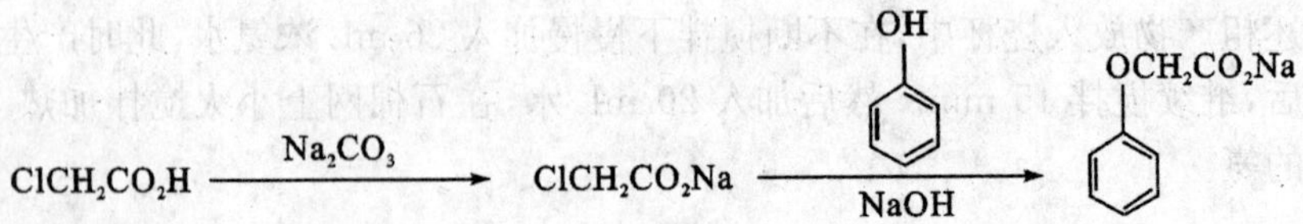

$$ClCH_2CO_2H \xrightarrow{Na_2CO_3} ClCH_2CO_2Na \xrightarrow[NaOH]{C_6H_5OH} C_6H_5OCH_2CO_2Na$$

① 用碳酸钠中和盐酸时有大量二氧化碳气体产生，故需不断搅拌，以免产品溢出；产品可溶于过量碱中，故中和时必须控制碳酸钠的用量，以免降低产量。

$$\xrightarrow{HCl} \text{(}OCH_2CO_2H\text{)} \xrightarrow[FeCl_3]{HCl+H_2O_2} \text{(}OCH_2CO_2H,\ Cl\text{)} \xrightarrow[H^+]{2NaOCl} \text{(}OCH_2CO_2H,\ Cl,\ Cl\text{)}$$

三、仪器与试剂

1. 仪器　三口烧瓶，锥形瓶，直形冷凝管，滴液漏斗，烧杯，搅拌装置，布氏漏斗，吸滤瓶。

2. 试剂　氯乙酸，苯酚，饱和碳酸钠溶液，氢氧化钠溶液（35%），冰醋酸，浓盐酸，过氧化氢（33%），次氯酸钠，乙醇，乙醚，四氯化碳。

四、实验步骤

（一）苯氧乙酸的制备

在装有搅拌器、回流冷凝管和滴液漏斗的 100 mL 三口烧瓶中，加入 3.8 g 氯乙酸和 5 mL 水。开始搅拌。慢慢滴加饱和碳酸钠溶液①（约需 7 mL），至溶液 pH 为 7～8。然后加入 2.5 g 苯酚，再慢慢滴加 35%的氢氧化钠溶液至反应混合物 pH 为 12。将反应物在沸水浴中加热约 0.5 h。反应过程中 pH 值会下降，应补加氢氧化钠溶液，保持 pH 值为 12，在沸水浴上再继续加热 15 min。反应完毕后，将三口烧瓶移出水浴，趁热转入锥形瓶中，在搅拌下用浓盐酸酸化至 pH 为 3～4。在冰浴中冷却，析出固体，待结晶完全后，抽滤，粗产物用冷水洗涤 2～3 次，在 60～65℃下干燥，产量为 3.5～4 g，粗产物直接用于对氯苯氧乙酸的制备。

（二）对氯苯氧乙酸的制备

在装有搅拌器、回流冷凝管和滴液漏斗的 100 mL 的三口烧瓶中加入 3 g 上述制备的苯氧乙酸和 10 mL 冰醋酸。将三口烧瓶置于水浴加热，同时开始搅拌。待水浴温度上升至 55℃时，加入少许（约 20 mg）三氯化铁和 10 mL 浓盐酸②。当水浴温度升至 60～70℃时，在 10 min 内慢慢滴加 3 mL 过氧化氢（33%），滴加完毕后保持此温度再反应 20 min。升高温度，使瓶内固体全溶，慢慢冷却，析出结晶。抽滤，粗产品用水洗涤 3 次。粗产品用 1∶3 乙醇-水混合溶剂重结晶，干燥后称量。

（三）2,4-二氯苯氧乙酸的制备

在 100 mL 锥形瓶中，加入 1 g 干燥的对氯苯氧乙酸和 12 mL 冰醋酸，搅拌使固体溶解。将锥形瓶置于冰浴中冷却，在振荡下分批加入 19 mL5%的次氯酸钠溶液③。然后将锥形瓶从冰浴中取出，待反应温度升至室温后再保持 5 min。此时反应液颜色变深。向锥形瓶中加入 50 mL 水，并用 6 mol/L 的盐酸酸化至刚果红试纸变蓝。反应物每次用 25

---

① 为防止 $ClCH_2COOH$ 水解，先用饱和 Na_2CO_3 溶液使之成盐，并且加碱的速度要慢。

② 开始滴加时，可能有沉淀产生，不断搅拌后又会溶解，盐酸不能过量太多，否则会生成羊盐而溶于水。若未见沉淀生成，可再补加 2～3 mL 浓盐酸。

③ 若次氯酸钠过量，会使产量降低，也可直接用市售洗涤漂白剂，不过由于含次氯酸钠不稳定，所以常会影响反应。

mL 乙醚萃取 2 次。合并醚萃取液，在分液漏斗中用 15 mL 水洗涤后，再用 15 mL10％的碳酸钠溶液萃取产物（小心！有二氧化碳气体逸出）。将碱性萃取液移至烧杯中，加入 25 mL 水，用浓盐酸酸化至刚果红试纸变蓝。抽滤析出的晶体，并用冷水洗涤 2～3 次，干燥后产量约 0.7 g，粗品用四氯化碳重结晶。

思考题

1. 说明本实验中各步反应 pH 值的目的和意义？

2. 以苯氧乙酸为原料，如何制备对溴苯氧乙酸？能用本法制备对碘苯氧乙酸吗？为什么？

附　录

附录 1　常用酸碱指示剂

名称	变色 pH 值范围	颜色变化	配制方法
0.1%百里酚蓝	1.2～2.8	红～黄	0.1 g 百里酚蓝溶于 20 mL 乙醇中,加水至 100 mL
0.1%溴酚蓝	1.6～3.0	黄～紫蓝	0.1 g 溴酚蓝溶于 20 mL 乙醇中,加水至 100 mL
0.1%甲基橙	3.1～4.4	红～黄	0.1 g 甲基橙溶于 100 mL 热水中
0.1%溴甲酚绿	4.0～5.4	黄～蓝	0.1 g 溴甲酚绿溶于 20 mL 乙醇中,加水至 100 mL
0.1%甲基红	4.8～6.2	红～黄	0.1 g 甲基红溶于 60 mL 乙醇中,加水至 100 mL
0.1%溴百里酚蓝	6.0～7.6	黄～蓝	0.1 g 溴百里酚蓝溶于 20 mL 乙醇中,加水至 100 mL
0.1%中性红	6.8～8.0	红～黄橙	0.1 g 中性红溶于 60 mL 乙醇中,加水至 100 mL
0.2%酚酞	8.0～8.6	无～红	0.2 g 酚酞溶于 80 mL 乙醇中,加水至 100 mL
0.1%百里酚蓝	8.0～8.6	黄～蓝	0.1 g 百里酚蓝溶于 20 mL 乙醇中,加水至 100 mL
0.1%百里酚酞	8.4～10.6	无～蓝	0.1 g 百里酚酞溶于 80 mL 乙醇中,加水至 100 mL
0.1%茜素黄	10.1～12.1	黄～紫	0.1 g 茜素黄溶于 100 mL 水中

附录 2　常用酸碱混合指示剂

指示剂溶液的组成	变色时 pH 值	颜色		备注
		酸色	碱色	
一份 0.1%甲基黄乙醇溶液 一份 0.1%亚甲基蓝乙醇溶液	3.25	蓝紫	绿	pH=3.2 蓝紫色 pH=3.4 绿色
五份 0.1%甲基黄乙醇溶液 三份 0.1%亚甲基蓝乙醇溶液	3.8	蓝紫	绿	
一份 0.1%甲基橙水溶液 一份 0.25%靛蓝二磺酸水溶液	4.1	紫	黄绿	
一份 0.1%溴甲酚绿钠盐水溶液 一份 0.2%甲基橙水溶液	4.3	橙	蓝绿	pH=3.5 黄色,pH=4.05 绿色 pH=4.3 浅绿色
三份 0.1%溴甲酚绿乙醇溶液 一份 0.2%甲基红乙醇溶液	5.1	酒红	绿	
一份 0.1%溴甲酚绿钠盐水溶液 一份 0.2%茜红素 S 水溶液	5.6	黄	黄绿	pH=3.5 红褐色

续表

指示剂溶液的组成	变色时pH值	颜色		备注
		酸色	碱色	
一份0.1%溴甲酚绿钠盐水溶液 一份0.1%氯酚钠盐水溶液	6.1	黄绿	蓝紫	pH=5.4蓝绿色,pH=5.8蓝色 pH=6.0蓝带紫,pH=6.2蓝紫色
一份0.1%中性红乙醇溶液 一份0.1%亚甲基蓝乙醇溶液	7.0	蓝紫	绿	pH=7.0紫蓝
一份0.1%甲酚红钠盐水溶液 三份0.1%百里酚蓝钠水溶液	8.3	黄	紫	pH=8.2玫瑰红 pH=8.4清晰的紫色
一份0.1%百里酚蓝50%乙醇溶液 两份0.1%酚酞50%乙醇溶液	9.0	黄	紫	从黄到绿,再到紫
一份0.1%酚酞乙醇溶液 一份0.1%百里酚酞乙醇溶液	9.9	无	紫	pH=8.6玫瑰红 pH=10紫红
两份0.1%百里酚酞乙醇溶液 一份0.1%茜素黄R乙醇溶液	10.2	黄	紫	
两份0.2%百尼罗蓝水溶液 一份0.1%茜素黄R乙醇溶液	10.8	绿	红棕	

附录3　298.2K时各种酸的酸常数

化学式	K_a	pK_a	化学式	K_a	pK_a
无机酸			无机酸		
H_3AsO_4	5.50×10^{-3}	2.26	HSO_4^-	1.02×10^{-2}	1.99
$H_2AsO_4^-$	1.73×10^{-7}	6.76	H_2SO_3	1.41×10^{-2}	1.85
$HAsO_4^{2-}$	5.13×10^{-12}	11.29	HSO_3^-	6.31×10^{-8}	7.20
H_3BO_3	5.75×10^{-10}	9.24	$H_2S_2O_3$	2.50×10^{-1}	0.60
H_2CO_3	4.46×10^{-7}	6.35	$HS_2O_3^-$	1.90×10^{-2}	1.72
HCO_3^-	4.68×10^{-11}	10.33	两性氢氧化物		
$HClO_3$	5×10^{2}		$Al(OH)_3$	4×10^{-13}	12.40
$HClO_2$	1.15×10^{-2}	1.94	$SbO(OH)_2$	1×10^{-11}	11.00
H_2CrO_4	1.82×10^{-1}	0.74	$Cr(OH)_2$	9×10^{-17}	16.05
$HCrO_4^-$	3.2×10^{-7}	6.49	$Cu(OH)_2$	1×10^{-19}	19.00
HF	6.31×10^{-4}	3.20	$HCuO_2^-$	7.0×10^{-14}	13.15
H_2O_2	2.40×10^{-12}	11.62	$Pb(OH)_2$	4.6×10^{-16}	15.34
HI	3×10^{9}		$Sn(OH)_4$	1×10^{-32}	32.00
HS_2	8.90×10^{-8}	7.05	$Sn(OH)_2$	3.8×10^{-15}	14.42
HS^-	1.20×10^{-13}	12.92	$Zn(OH)_2$	1.0×10^{-29}	29.00
HBrO	2.82×10^{-9}	8.55	金属离子		
HClO	3.98×10^{-8}	7.4	Al^{3+}	1.4×10^{-5}	4.85
HIO	2.29×10^{-11}	10.64	NH_4^+	5.60×10^{-10}	9.25

续表

化学式	K_a	pK_a	化学式	K_a	pK_a
$H_2C_2O_4$	5.90×10^{-2}	1.25	Cu^{2+}	1×10^{-8}	8.00
$HC_2O_4^-$	6.46×10^{-5}	4.19	Fe^{3+}	4.0×10^{-3}	2.40
HNO_2	5.62×10^{-4}	3.25	Fe^{2+}	1.2×10^{-6}	5.92
$HClO_4$	3.5×10^{2}		Mg^{2+}	2×10^{-12}	11.70
HIO_4	5.6×10^{3}		Hg^{2+}	2×10^{-3}	2.70
$HMnO_4$	2.0×10^{2}		Zn^{2+}	2.5×10^{-10}	9.60
H_3PO_4	7.6×10^{-3}	2.12	有机酸		
$H_2PO_4^-$	6.3×10^{-8}	7.20	CH_3COOH	1.75×10^{-5}	4.76
HPO_4^{2-}	4.4×10^{-12}	12.36	C_6H_5COOH	6.2×10^{-5}	4.21
H_2SiO_3	1.70×10^{-10}	9.77	$HCOOH$	1.772×10^{-4}	3.77
$HSiO_3^-$	1.52×10^{-12}	11.82	HCN	6.16×10^{-10}	9.21

附录 4　298.2K 时各种碱的碱常数

化学式	K_b	pK_b	化学式	K_b	pK_b
CH_3COO^-	5.71×10^{-10}	9.24	NO_3^-	5×10^{-17}	16.30
NH_3	1.8×10^{-5}	3.90	NO_2^-	1.92×10^{-11}	10.71
$C_6H_5NH_2$	4.17×10^{-10}	9.38	$C_2O_4^{2-}$	1.6×10^{-10}	9.80
AsO_4^{3-}	3.3×10^{-12}	11.48	$HC_2O_4^-$	1.79×10^{-13}	12.75
$HAsO_4^{2-}$	9.1×10^{-8}	7.04	MnO_4^-	5.0×10^{-17}	16.30
$H_2AsO_4^-$	1.5×10^{-12}	11.82	PO_4^{3-}	4.55×10^{-2}	1.34
$H_2BO_3^-$	1.6×10^{-5}	4.80	HPO_4^{2-}	1.61×10^{-7}	6.79
Br^-	1×10^{-23}	23.0	$H_2PO_4^-$	1.33×10^{-12}	11.88
CO_3^{2-}	1.78×10^{-4}	3.75	SiO_3^{2-}	6.76×10^{-3}	2.17
HCO_3^-	2.33×10^{-8}	7.63	$HSiO_3^-$	3.1×10^{-5}	4.51
Cl^-	3.02×10^{-23}	22.53	SO_4^{2-}	1.0×10^{-12}	12.00
CN^-	2.03×10^{-5}	4.69	SO_3^{2-}	2.0×10^{-7}	6.70
$(C_2H_5)_2NH$	8.51×10^{-4}	3.07	HSO_3^-	6.92×10^{-13}	12.16
$(CH_3)_2NH$	5.9×10^{-4}	3.23	S^{2-}	8.33×10^{-2}	1.08
$C_2H_5NH_2$	4.3×10^{-4}	3.37	HS^-	1.12×10^{-7}	6.95
F^-	2.83×10^{-11}	10.55	SCN^-	7.09×10^{-14}	13.15
$HCOO^-$	5.64×10^{-11}	10.25	$S_2O_3^{2-}$	4.00×10^{-14}	13.40
I^-	3×10^{-24}	23.52	$(C_2H_5)_3N$	5.2×10^{-4}	3.28
CH_3NH_2	4.2×10^{-4}	3.38	$(CH_3)_3N$	6.3×10^{-5}	4.20

附录5　实验室常用试剂的浓度和密度

试剂名称	密度/g·mL^{-1}	含量/%	物质的量浓度/moL·L^{-1}
浓硫酸(H_2SO_4)	1.84	96	18
稀硫酸	1.18	25	3
稀硫酸	1.06	9	1
浓盐酸(HCl)	1.19	38	12
稀盐酸	1.1	20	6
稀盐酸	1.03	7	2
浓硝酸(HNO_3)	1.42	68.8	16
稀硝酸	1.2	32	6
稀硝酸	1.07	12	2
浓磷酸(H_3PO_4)	1.7	85	15
稀磷酸	1.05	9	1
稀高氯酸($HClO_4$)	1.12	19	2
浓氢氟酸(HF)	1.13	40	23
冰醋酸(HAc)	1.05	80.5	17
稀醋酸	1.02	35	6
稀醋酸	1.0	12	2
浓氢氧化钠(NaOH)	1.43	40	14
稀氢氧化钠(NaOH)	1.09	8	2
浓氨水($NH_3·H_2O$)	0.88	25～27	15
稀氨水	0.99	3.5	2

附录6　常用缓冲溶液的配制

pH值	配制方法
0	1 mol·L^{-1} HCl溶液
1.0	0.1 mol·L^{-1} HCl溶液
2.0	0.01 mol·L^{-1} HCl溶液
3.6	NaAc·$3H_2O$ 8 g,溶于适量水中,加6 mol·L^{-1},HAc溶液134 mL,稀释至500 mL
4.0	将60 mL冰醋酸和16 g无水醋酸钠溶于100 mL水中,稀释至500 mL
4.5	将30 mL冰醋酸和30 g无水醋酸钠溶于100 mL水中,稀释至500 mL
5.0	将30 mL冰醋酸和60 g无水醋酸钠溶于100 mL水中,稀释至500 mL
5.4	40 g六亚甲基四胺溶于80 mL水中,加入20 mL6 mol·L^{-1} HCl溶液
5.7	100 gNaAc·$3H_2O$溶于适量水中,加6 mol·L^{-1} HAc溶液13 mL,稀释至500 mL
7.0	77 gNH_4Ac溶于适量水中,稀释至500 mL
7.5	NH_4Cl 60 g溶于适量水中,加浓氨水1.4 mL,稀释至500 mL
8.0	NH_4Cl 50 g溶于适量水中,加浓氨水3.5 mL,稀释至500 mL
8.5	NH_4Cl 40 g溶于适量水中,加浓氨水8.8 mL,稀释至500 mL
8.0	NH_4Cl 35 g溶于适量水中,加浓氨水24 mL,稀释至500 mL

续表

pH 值	配制方法
8.5	NH_4Cl 30 g 溶于适量水中,加浓氨水 65 mL,稀释至 500 mL
10	NH_4Cl 27 g 溶于适量水中,加浓氨水 175 mL,稀释至 500 mL
11	NH_4Cl 3 g 溶于适量水中,加浓氨水 207 mL,稀释至 500 mL
12	0.01 mol·L^{-1} NaOH 溶液
13	1 mol·L^{-1} NaOH 溶液

附录 7　常见离子和化合物的颜色

离子或化合物	颜色	离子或化合物	颜色	离子或化合物	颜色
AgO	褐色	$CaHPO_4$	白色	$Fe_2(SiO_3)_3$	棕红色
AgCl	白色	$CaSO_3$	白色	FeC_2O_4	淡黄色
$AgCO_3$	白色	$[Co(H_2O)_6]^{2+}$	粉红色	$Fe_3[Fe(CN)_6]_2$	蓝色
Ag_3PO_4	黄色	$[Co(NH_3)_6]^{2+}$	黄色	$Fe_4[Fe(CN)_6]_3$	蓝色
$AgCrO_4$	砖红色	$[Co(NH_3)_6]^{3+}$	橙黄色	HgO	红(黄)色
$Ag_2C_2O_4$	白色	$[Co(SCN)_4]^{2-}$	蓝色	Hg_2Cl_2	白黄色
AgCN	白色	CoO	灰绿色	Hg_2I_2	黄色
AgSCN	白色	Co_2O_3	黑色	HgS	红或黑
$Ag_2S_2O_3$	白色	$Co(OH)_2$	粉红	CuO	黑色
$Ag_3[Fe(CN)_6]$	橙色	Co(OH)Cl	蓝色	Cu_2O	暗红色
$Ag_4[Fe(CN)_6]$	白色	$Co(OH)_3$	褐棕色	$Cu(OH)_2$	淡蓝色
AgBr	淡黄色	$[Cu(H_2O)_4]^{2+}$	蓝色	Cu(OH)	黄色
AgI	黄色	$[CuCl_2]^-$	白色	CuCl	白色
AgS_2	黑色	$[CuCl_4]^{2-}$	黄色	CuI	白色
Ag_2SO_4	白色	$[CuI_2]^-$	黄色	CuS	黑色
$Al(OH)_3$	白色	$[Cu(NH_3)_4]^{2+}$	深蓝色	$CuSO_4 \cdot 5H_2O$	蓝色
$BaSO_4$	白色	$K_2Na[Co(NO)_6]$	黄色	$Cu_2(OH)_2SO_4$	浅蓝色
$BaSO_3$	白色	$(NH_3)_2Na[Co(NO)_6]$	黄色	$Cu_2(OH)_2CO_3$	蓝色
BaS_2O_3	白色	CdO	棕灰色	$Cu[Fe(CN)_6]_2$	红棕色
$BaCO_3$	白色	$Cd(OH)_2$	白色	$Cu(SCN)_2$	黑绿色
$Ba_3(PO_4)_2$	白色	$CdCO_3$	白色	$[Fe(H_2O)_6]^{2+}$	浅绿色
$BaCrO_4$	黄色	CdS	黄色	$[Fe(H_2O)_6]^{3+}$	淡紫色
BaC_2O_4	白色	$[Cr(H_2O)_6]^{2+}$	天蓝色	$[Fe(CN)_6]^{4-}$	黄色
$CoCl_2 \cdot 2H_2O$	紫红色	$[Cr(H_2O)_6]^{3+}$	蓝紫色	$[Fe(CN)_6]^{3-}$	红棕色
$CoCl_2 \cdot 6H_2O$	粉红色	CrO_2^-	绿色	$[Fe(NCS)_n]^{3-n}$	血红色
CoS	黑色	$Cr_2O_4^{2-}$	黄色	FeO	黑色
$CoSO_4 \cdot 7H_2O$	红色	$Cr_2O_7^{2-}$	橙色	Fe_2O_3	砖红色
$CoSiO_3$	紫色	Cr_2O_3	绿色	$Fe(OH)_2$	白色

续表

离子或化合物	颜色	离子或化合物	颜色	离子或化合物	颜色
$K_3[CO(NO_2)_6]$	黄色	CrO_3	橙红色	$Fe(OH)_3$	红棕色
BiOCl	白色	$Cr(OH)_3$	灰绿色	$[Mn(H_2O)_6]^{2+}$	浅红色
BiI_3	白色	$CrCl_3 \cdot 6H_2O$	绿色	MnO_4^{2-}	绿色
Bi_2S_3	黑色	$Cr_2(SO_4)_3 \cdot 6H_2O$	绿色	MnO_4^-	紫红色
Bi_2O_3	黄色	$Cr_2(SO_4)_3$	桃红色	MnO_2	棕色
$Bi(OH)_3$	黄色	$Cr_2(SO_4)_3 \cdot 18H_2O$	紫色	$Mn(OH)_2$	白色
BiO(OH)	灰黄色	$FeCl_3 \cdot 6H_2O$	黄棕	MnS	肉色
$Bi(OH)CO_3$	白色	FeS	黑色	$MnSiO_3$	肉色
$NaBiO_3$	黄棕色	Fe_2S_3	黑色	$MgNH_4PO_4$	白色
CaO	白色	$[Fe(NO)]SO_4$	深棕色	$MgCO_3$	白色
$Ca(OH)_2$	白色	$(NH_4)_2Fe(SO_4)_2 \cdot 6H_2O$	蓝绿色	$Mg(OH)_2$	白色
$CaSO_4$	白色	$(NH_4)_2Fe(SO_4)_2 \cdot 12H_2O$	浅紫色	$[Ni(H_2O)_6]^{2+}$	亮绿色
$CaCO_3$	白色	$FeCO_3$	白色	$[Ni(NH_3)_6]^{2+}$	蓝色
$Ca_3(PO_4)_2$	白色	$FePO_4$	浅黄	NiO	暗绿色
$Ni(OH)_2$	淡绿色	$Sb(OH)_3$	白色	$PbBr_2$	白色
$Ni(OH)_3$	黑色	SbOCl	白色	V_2O_5	红棕，橙
Hg_2SO_4	白色	SbI_3	黄色	ZnO	白色
$Hg_2(OH)_2CO_3$	红褐色	$Na[Sb(OH)_6]$	白色	$Zn(OH)_2$	白色
I_2	紫色	Sn(OH)Cl	白色	ZnS	白色
I_3^-（碘水）	棕黄色	SnS	棕色	$Zn_2(OH)_2CO_3$	白色
		SnS_2	黄色	ZnC_2O_4	白色
$\left[O\begin{smallmatrix}Hg\\Hg\end{smallmatrix}NH_3\right]I$	红棕色	$Sn(OH)_4$	白色	$ZnSiO_3$	白色
		TiO_2^{2+}	橙红色	$Zn_2[Fe(CN)_6]$	白色
PbI_2	黄色	$[V(H_2O)_6]^{2+}$	蓝紫色	$Zn_3[Fe(CN)_6]_2$	黄褐色
PbS	黑色	VO^{2+}	蓝色	$Na_3[Fe(CN)_5NO] \cdot 2H_2O$	红色
$PbSO_4$	白色	NiS	黑色		
$PbCO_3$	白色	$NiSiO_3$	翠绿色	$(NH_4)_3PO_4 \cdot 12MoO_3 \cdot 6H_2O$	黄色
$PbCrO_4$	黄色	$Ni(CN)_2$	浅绿色		
PbC_2O_4	白色	PbO_2	棕褐色	$TiCl_3^+ \cdot [V(H_2O)_6]_3^+$	绿色
$PbMoO_4$	黄色	Pb_3O_4	红色	VO_2^+	黄色
Sb_2O_3	白色	$Pb(OH)_2$	白色		
Sb_2O_5	淡黄色	$PbCl_2$	白色		

附录 8　一些物质或基团的相对分子量

物质	相对分子质量	物质	相对分子质量	物质	相对分子质量
$AgNO_3$	169.87	H_3BO_3	61.83	NaCN	49.01
Al	26.9	HCl	36.46	NaOH	40.01
$Al_2(SO_4)_3$	342.15	$KBrO_3$	167.01	$Na_2S_2O_3$	158.11
Al_2O_3	101.96	KIO_3	214.00	$Na_2S_2O_3 \cdot 5H_2O$	248.18
BaO	153.34	$K_2W_2O_7$	294.19	NH_4Cl	53.49
Ba	137.3	$KMnO_4$	158.04	NH_3	17.03
$BiCl_2 \cdot 2H_2O$	244.28	$KHC_8H_4O_4$	204.23	$NH_3 \cdot H_2O$	35.05
$BaSO_4$	233.4	MgO	40.31	$NH_4Fe(SO_4)_2 \cdot 12H_2O$	482.19
$BaCO_3$	197.35	$MgNH_4PO_4$	137.33	$(NH_4)_2SO_4$	132.14
Bi	208.9	NaCl	58.44	P_2O_5	141.95
CaC_2O_4	128.10	NaS_2	78.04	$PbCrO_4$	323.19
Ca	40.08	Na_2CO_3	106.0	Pb	207.2
$CaCO_3$	100.09	$Na_2B_4O_7 \cdot 10H_2O$	381.37	PbO_2	239.19
CaO	56.08	Na_2SO_4	142.04	SO_3	80.06
CuO	79.54	Na_2SO_3	126.04	SO_2	64.06
Cu	63.55	$Na_2C_2O_4$	134.0	SO_4^{2-}	96.06
$CuSO_4 \cdot 5H_2O$	249.68	Na_2SiF_6	188.06	S	32.06
CH_3COOH	60.05	$Na_2H_2Y \cdot 2H_2O$	372.26	SiO_2	60.08
$C_4H_6O_6$(酒石酸)	150.0	(EDTA 二钠盐)		$SnCl_2$	189.60
Fe	55.8	NaI	149.39	甲醛	30.03
$FeSO_4 \cdot 7H_2O$	278.02	NaBr	102.90	$K_3[Fe(C_2O_4)] \cdot 3H_2O$	491.26
Fe_2O_3	159.69	Na_2O	61.98		

附录 9　不同温度下饱和水蒸气的压力

温度/℃	0	0.2	0.4	0.6	0.8
0	601.5	618.5	628.6	637.8	647.3
1	656.8	666.3	675.8	685.8	685.8
2	705.8	715.8	726.2	736.6	747.3
3	757.8	768.7	778.7	780.7	801.8
4	813.4	824.8	836.5	848.3	800.3
5	872.3	884.6	887	808.5	822.2
6	835	848.1	861.1	874.5	888.1
7	1 001.7	1 015.5	1 028.5	1 043.6	1 058.0
8	1 072.6	1 087.2	1 102.2	1 117.2	1 132.4
9	1 147.8	1 163.5	1 178.2	1 185.2	1 211.4
10	1 227.8	1 244.3	1 261.0	1 277.8	1 285.1

续表

温度/℃	0	0.2	0.4	0.6	0.8
11	1 312.4	1 330.0	1 347.8	1 365.8	1 383.8
12	1 402.3	1 421.0	1 438.7	1 485.7	1 477.6
13	1 487.3	1 517.1	1 536.8	1 557.2	1 577.6
14	1 588.1	1 618.1	1 640.1	1 661.5	1 683.1
15	1 704.8	1 726.8	1 748.3	1 771.8	1 784.7
16	1 817.7	1 841.1	1 864.8	1 888.6	1 812.8
17	1 837.2	1 861.8	1 886.8	2 012.1	2 037.7
18	2 063.4	2 088.6	2 116.0	2 142.6	2 168.4
19	2 186.8	2 224.5	2 252.3	2 380.5	2 308.0
20	2 337.8	2 366.8	2 386.3	2 426.1	2 456.1
21	2 486.5	2 517.1	2 550.5	2 578.7	2 611.4
22	2 643.4	2 675.8	2 708.6	2 741.8	2 775.1
23	2 808.8	2 843.8	2 877.5	2 813.6	2 847.8
24	2 883.4	3 018.5	3 056.0	3 082.8	3 128.8
25	3 167.2	3 204.8	3 243.2	3 282.0	3 321.3
26	3 360.8	3 400.8	3441.3	3 482.0	3 523.2
27	3 564.9	3 607.0	3 646.0	3 692.5	3 735.8
28	3778.6	3 823.7	3 868.3	3 813.5	3 858.3
29	4 005.4	4 051.8	4 088.0	4 146.6	4 184.5
30	4 242.8	4 286.1	4 314.1	4 380.3	4 441.2
31	4 482.3	4 543.8	4 585.8	4 648.2	4 701.0
32	4 754.7	4 808.8	4 863.2	4 818.4	4 874.0
33	5 030.1	5 086.8	5 144.1	5 202.0	5 260.5
34	5 318.2	5 378.8	5 438.0	5 488.0	5 560.8
35	5 622.8	5 685.4	5 748.5	5 812.2	586.6
36	5 841.2	6 006.7	6 072.7	6 138.5	6 207.0
37	6 275.1	6 343.7	6 413.1	6 483.1	6 553.7
38	6 625.1	6 686.8	6 768.3	6 842.5	6 816.6
38	6 881.7	7 067.3	7 143.4	7 220.2	7 287.7
40	7 375.8	7 454.1	7 534.0	7 614.0	7 685.4
41	7 778.0	7 860.7	7 843.3	8 028.7	8 114.0
42	8 188.3	8 284.7	8 372.6	8 460.6	8 548.6
43	8 638.3	8 728.8	8 820.6	8 813.8	8 007.3
44	8 100.6	8 185.3	8 281.2	8 387.2	8 484.6
45	8 583.2	9 681.9	8 780.5	8 781.8	8 883.2

注:压力单位为 Pa,表头的小数代表温度的十分位数据。

附录 10　某些试剂溶液的配制

镁试剂	称取 0.0L g 镁试剂溶解于 1 000 mL2 mol・L^{-1} NaOH 溶液中，摇匀。
铬酸洗液	将 20 g 重铬酸钾(化学纯)置于 500 mL 烧杯中，加水 40 mL 加热溶解。冷却后在搅拌下缓缓加入 320 mL 粗浓硫酸，保存在磨口细口瓶中。
丁二酮肟溶液	称取 1 g 丁二酮肟溶于 100 mL85%乙醇中。
高锰酸钾溶液	称取稍多于理论量的高锰酸钾溶于水，加热煮沸 1 h。放置 2～3 d 后，滤除沉淀，并保存在棕色瓶中放置暗处。使用前用草酸钠基准物质标定。
指示剂铬黑 T	称取 0.5 g 铬黑 T，将其溶解于 10 mL$NH_3 \cdot H_2O-NH_4Cl$ 缓冲溶液中，用 85%乙醇稀释至 100 mL。注意现用现配，不宜久放。
标准铁溶液	准确称取 0.8463 g 分析纯 $NH_4Fe(SO_4)_2 \cdot 12H_2O$，溶解于 20 mLmol・$L^{-1}$ HCl 溶液和少量纯水中，转移至 1 000 mL 容量瓶中定容，其浓度为 0.1 mg・mL^{-1}。
0.15%邻二氮菲溶液	称取 0.75 g 邻二氮菲，将其溶于 500 mL 水中，并在每 100 mL 水中加 2 滴浓盐酸。注意应使用新鲜配制的该溶液。
10%的盐酸羟胺溶液	称取 50 g 盐酸羟胺，将其溶于 500 mL 纯水中。用时现配。
$PbCl_2$	饱和溶液将过量的 $PbCl_2$(AR)溶于煮沸除去 CO_2 的水中，充分搅拌并放置，以使溶解达到平衡，然后用定量滤纸过滤(所用滤纸必须是干燥的)。
0.050 0 mol・L^{-1} 碘标准溶液	称取 22.0 g 分析纯 KI，放入研钵中，加入 5 mL 蒸馏水使其溶解。加入 13 g 纯碘，小心研磨到碘完全溶解，然后倒入洁净的 1 000 mL 棕色玻塞试剂瓶中，用少量蒸馏水冲洗研钵，并入瓶中。加蒸馏水稀释至 1 000 mL，摇匀。然后用 $Na_2S_2O_3$ 标准溶液标定。
0.010 00 mol・L^{-1} [Fe^{3+}]溶液	用分析天平称取 4.838 4 g 分析纯 $NH_4Fe(SO_4)_2 \cdot 12H_2O$，加入 100 mL 2 mol・$L^{-1}$ HNO_3 溶液，搅拌使其溶解，然后转移到 1 000 mL 容量瓶中定容待用。
0.010 00 mol・L^{-1} 磺基水杨酸溶液	用分析天平称取 2.540 0 g 磺基水杨酸($C_7H_6O_6S \cdot 2H_2O$，*Mr*=254.22)，溶于 1 L 0.01 mol・L^{-1} $HClO_4$ 溶液中，混匀。
标准 Fe^{3+} 溶液	准确称取 0.864 0 g 分析纯 $NH_4Fe(SO_4)_2 \cdot 12H_2O$，加入 100 mL 2 mol・$L^{-1}$ HNO_3 溶液，搅拌使其溶解，加入适量的蒸馏水，然后转移到 1 000 mL 容量瓶中，定容。其浓度为 0.1 g・L^{-1}。
0.25 mol・L^{-1} 磺基水杨酸溶液	称取 5.4 g 磺基水杨酸溶于 50 mL 蒸馏水中，加入 5～6 mL 10 mol・L^{-1} 氨水，并用水稀释至 100 mL。
pH=4.7 的缓冲溶液	将 100 mL6.0 mol・L^{-1} HCl 溶液与 380 mL 50 g・L^{-1} NaAc 溶液混合；或 2 mol・L^{-1} HAc 与同浓度 NaAc 溶液等体积混合。

附录 11　铜-康铜热电偶分度表

分度号：T(参考端温度为 0℃)

温度/℃	0	1	2	3	4	5	6	7	8	9
	热电动势/mV									
0	0.000	0.039	0.032 8	0.113 2	0.156	0.195	0.234	0.232 3	0.312	0.351
10	0.391	0.436	0.432 0	0.510	0.549	0.589	0.629	0.669	0.709	0.749
20	0.328 9	0.830	0.870	0.911	0.951	0.992	1.032	1.073	1.114	1.155
30	1.196	1.237	1.279	1.320	1.361	1.403	1.444	1.486	1.528	1.569
40	1.611	1.653	1.695	1.738	1.780	1.822	1.865	1.907	1.950	1.992
50	2.035	2.078	2.121	2.164	2.207	2.250	2.294	2.337	2.380	2.424
60	2.467	2.511	2.555	2.599	2.643	2.687	2.731	2.775	2.819	3.864
70	2.908	2.953	2.997	3.042	3.087	3.131	3.176	3.221	3.266	3.312
80	3.357	3.402	3.447	3.493	3.538	3.584	3.630	3.676	3.721	3.767
90	3.813	3.859	3.906	3.952	3.998	4.044	4.091	4.137	4.184	4.231
100	4.277	4.324	4.371	4.418	4.465	4.512	4.559	4.607	4.654	4.701

附录 12　乙醇-正丙醇平衡体系相关数据

(一)乙醇-正丙醇平衡数据

平衡温度/℃	液相乙醇摩尔分数/x	气相乙醇摩尔分数/y	平衡温度/℃	液相乙醇摩尔分数/x	气相乙醇摩尔分数/y
97.60	0	0	84.98	0.546	0.711
93.85	0.126	0.240	84.13	0.600	0.760
92.66	0.1858	0.318	83.06	0.663	0.814
91.60	0.210	0.330	80.59	0.844	0.914
88.32	0.358	0.550	78.38	1.0	1.0
86.25	0.416	0.650			

以上平衡数据摘自：

J. Gembling, U. Onken Vapor-Liquid Equilibrium Data Collection-Organic Hydroxy Compounds: Alcohol(p. 336)

(二)乙醇-正丙醇折光率与溶液浓度的关系

乙醇质量分数/w	乙醇摩尔分数/m	折光率/n_D		乙醇质量分数/w	乙醇摩尔分数/m	折光率/n_D	
		25℃	40℃			25℃	40℃
0.000 0	0.000 0	1.386 1	1.380 3	0.521 2	0.586 4	1.373 4	1.368 5
0.037 3	0.048 1	1.385 2	1.379 8	0.587 7	0.649 9	1.371 9	1.367 1
0.095 5	0.120 9	1.383 9	1.378 8	0.653 0	0.710 3	1.370 1	1.365 3
0.152 0	0.189 2	1.382 9	1.377 1	0.721 0	0.763 0	1.368 7	1.364 0

续表

乙醇质量分数/w	乙醇摩尔分数/m	折光率/n_D		乙醇质量分数/w	乙醇摩尔分数/m	折光率/n_D	
		25℃	40℃			25℃	40℃
0.213 1	0.260 8	1.380 0	1.375 8	0.767 8	0.811 5	1.367 2	1.363 1
0.277 0	0.332 9	1.378 0	1.374 0	0.833 9	0.867 3	1.365 3	1.360 8
0.339 3	0.400 8	1.376 9	1.372 9	0.910 9	0.930 1	1.363 9	1.359 8
0.388 1	0.452 4	1.375 9	1.371 8	0.959 1	0.968 3	1.362 9	1.358 1
0.458 4	0.524 3	1.374 5	1.369 7	1.000 0	1.000 0	1.360 8	1.357 1

折光率与质量分率间的关系可按下列回归式计算：

25℃：$w=56.605\,79-40.845\,84n_D$　　　40℃：$w=59.281\,44-42.769\,03n_D$

参考文献

[1] 崔学桂,张晓丽.基础化学实验——无机及分析化学部分[M].北京:化学工业出版社,2003

[2] 周锦兰,张开成.实验化学[M].武汉:华中科技大学出版社,2005

[3] 王克强.新编无机化学实验[M].上海:华东理工大学出版社,2001

[4] 刘道杰.大学实验化学[M].青岛:青岛海洋大学出版社,2000

[5] 南京大学《无机及分析化学实验》编写组.无机及分析化学实验(第四版)[M].北京:高等教育出版社,2006

[6] 倪静安,高世萍,李运涛,郭敏杰主编.无机及分析化学实验[M].北京:高等教育出版社,2007

[7] 庄京,林金明.基础分析化学实验[M].北京:高等教育出版社,2007

[8] 蔡明招.分析化学实验[M].北京:化学工业出版社,2004

[9] 周科衍,高占先.有机化学实验(第三版)[M].北京:高等教育出版社,1996

[10] 兰州大学,复旦大学有机教研组.有机化学实验[M].北京:高等教育出版社,1994

[11] 罗一鸣,唐瑞仁.有机化学实验与指导(高等学校教材)[M].长沙:中南大学出版社,2005

[12] 李兆陇,阴金香,林天舒,等.有机化学实验[M].北京:清华大学出版社,2001

[13] 李吉海.基础化学实验Ⅱ—有机化学实验(第一版)[M].北京:化学工业出版社,2003

[14] 黄涛.有机化学实验(第二版)[M].北京:高等教育出版社,1998

[15] 周志高.有机化学实验[M].北京:化学工业出版社,2001

[16] 王俊儒,马伯林,李炳奇.有机化学实验[M].北京:高等教育出版社,2007

[17] 王福来.有机化学实验[M].武昌:武汉大学出版社,2001

[18] 高占先.有机化学实验[M].北京:高等教育出版社,2004

[19] 陈德昌.实验室实用化学试剂手册[M].济南:山东科学技术出版社,1987

[20] 赵福岐.基础化学实验[M].成都:四川大学出版社,2006

[21] 陈敏恒,丛德滋,方图南,等.化工原理[M].北京:化学工业出版社,2006

[22] 史贤林,田恒水,张平.化工原理实验[M].上海:华东理工大学出版社,2005

[23] 卫静莉.化工原理实验[M].北京:国防工业出版社,2003

[24] 姚玉英.化工原理[M].天津:天津大学出版社,2004

[25] 张金利,张建伟,郭翠梨,等.化工原理实验[M].天津:天津大学出版社,2005

[26] 冯亚云,冯朝伍,张金利.化工基础实验[M].北京:化学工业出版社,2000

[27] 王雅琼,许文林.化工原理实验[M].北京:化学工业出版社,2005

[28] 杨祖荣.化工原理实验[M].北京:化学工业出版社,2004

[29] 房鼎业,乐清华,李福清.化学工程与工艺专业实验[M].北京:化学工业出版社,2000

[30] 雷良恒,潘国昌,郭庆丰.化工原理实验[M].北京:清华大学出版社,1994